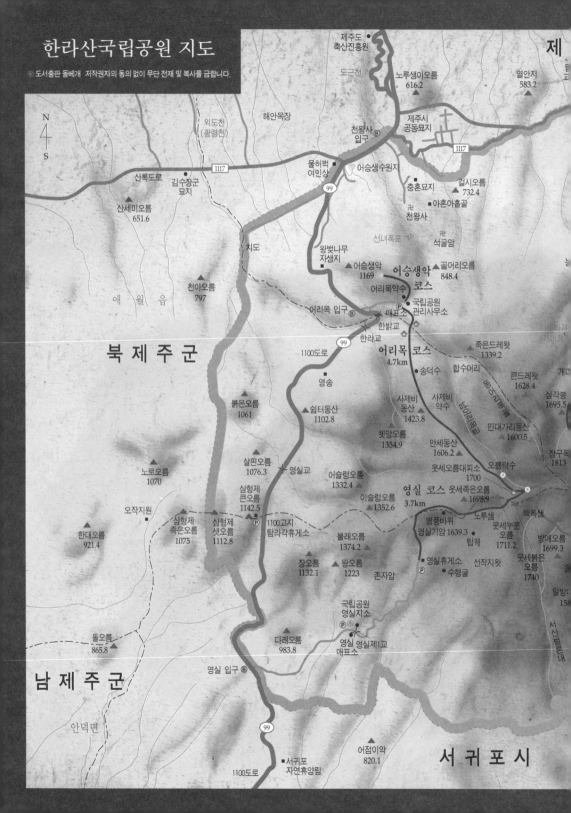

한라산국립공원 지도

한라산

오 름 의 왕 국 · 생 태 계 의 보 고

강정효 지음

돌베개

한라산
오름의 왕국·생태계의 보고

2003년 4월 14일 초판 1쇄 발행

지은이 강정효
펴낸이 한철희
펴낸곳 돌베개
등록 1979년 8월 25일 제10–28호
주소 (121-836) 서울특별시 마포구 서교동 337-6
전화 (02) 338–4143~5
팩스 (02) 333–3847
지로 3044937
홈페이지 www.dolbegae.com
전자우편 book@dolbegae.co.kr

편집부장 김혜형
책임편집 김윤정
편집 김수영·박숙희·김현주·김아롱·이소영
본문 디자인 이은정
지도 제작 한기영·김현화
인쇄 백산인쇄
제본 백산제책

ⓒ 강정효, 2003

KDC 980.2 or 699.1
ISBN 89-7199-156-9 03980

오 름 의 왕 국 · 생 태 계 의 보 고 한라산

책을_펴내며_

 1996년 4·13 총선 취재로 한창 바쁘게 뛰어다니고 있을 때 북미 최고봉인 매킨리(McKinley) 원정 등반에 참여하라는 취재 지시가 저에게 내려졌습니다. 사전 준비가 전혀 되지 않았다며 반대하는 주위 분들을 뒤로하고 떠났던, 만년설에 뒤덮인 매킨리에서의 산 생활을 통해 저와 산과의 인연은 시작되었습니다.

 매킨리는 특히 제주가 낳은 '정상의 사나이' 故 고상돈 선배가 유명을 달리한 곳이기에 감회는 남다를 수밖에 없었습니다. 매킨리 등반을 성공적으로 마친 후 3년이나 지난 1999년, 제주도민속자연사박물관에서 열린 고상돈 20주기 추모전인 '맥킨리 사진전'에 30점의 사진을 출품하였습니다. 그때 다소나마 가슴에 담았던 빚을 덜어낸 기억은 아직도 새롭게 다가옵니다.

 매킨리 등반 이후 제주산악회와 제주도산악연맹의 일원으로 참여하며 본격적인 한라산 등반에 나서게 되었습니다. 물론 이전에도 직업 때문에 숱하게 한라산을 오르내렸습니다만, 이때부터 전문적인 산악인의 길에 들어섰다는 표현이 어울리겠지요. 한라산을 담당했던 취재기자로서, 그리고 한라산에서의 등반 활동을 알리는 제주도산악연맹의 홍보이사로서 한라산을 제대로 알려야겠다는 생각에 겁도 없이 책을 내게 되었습니다.

 일찍이 나비 박사로, 제주학의 선구자로 알려진 석주명 선생은 한국 산악계의 초창기 활동을 주도하기도 했는데, 그는 산악 활동에 대해 "산악을 다각적으로 연구하며 이

연구를 확대하여 국토 혹은 지구상의 미개척 지역까지를 대상으로 국토의 개발, 나아가 인류문화에까지 이바지하는 것"이라 했습니다. 이에 비추어보면 오늘 저 자신의 행동이 부끄럽지만 제대로 된 한라산 안내서가 나오는 데 다소나마 도움이 되었으면 하는 바람입니다.

제1부 '한라산의 자연과 생태'는 한라산에 대한 이해를 돕기 위한 장으로, 지형·지질과 생태계에 대한 설명입니다. 특히 수많은 문화재와 역사 유적을 자랑하는 육지부 산과 달리 한라산은 식생과 지질이 우선시될 수밖에 없음을 말씀드립니다. 물론 기존의 연구 결과물을 많이 참조했습니다만, 그보다는 탐사 현장에서 지질·식생·동물 분야의 전문가로 있는 여러 선배들의 아낌없는 설명과 도움 말씀이 절대적이었습니다. 이 자리를 빌어 고마움을 표합니다.

제2부 '설화와 역사가 만나는 한라산'은 한라산과 더불어 살아가는 제주 사람들의 이야기를 담아보고자 했습니다. 한라산에 대한 오래된 기록은 대부분이 조정에서 파견된 목민관(牧民官)이나 귀양 생활을 했던 선비들에 의해 씌어진 것이기에, 한라산의 설화와 제주의 역사 등을 통해 이 땅의 사람들에 대해 생각해보는 자리를 만들고자 했습니다.

제3부 '한라산 가는 길'은 등산 코스와 횡단도로, 야영장에 대한 설명입니다. 어리목, 영실, 성판악, 관음사, 어승생악 등 5개의 등산 코스를 비롯하여, 5·16도로, 1,100

도로 및 관음사야영장, 서귀포자연휴양림, 제주절물자연휴양림 등을 이용할 수 있는 방법을 담았습니다. 이밖에 부록으로 한라산의 축제와 등반시 주의 사항, 한라산의 주요 식물 등을 실었습니다.

이 책이 완성되기까지는 주위 분들의 절대적인 도움이 있었습니다. 3년여를 함께했던 한라산학술조사단과 한라산연구소, 제주도민속자연사박물관, 한라수목원의 여러 연구원들, 그리고 필자를 산으로 인도해준 제주산악회를 비롯한 제주도의 산악인 선후배, 한라산국립공원 관리사무소의 여러분들이 없었다면 오늘 이 책은 없었을 것입니다. 물론 돌베개의 사장님과 편집진이 없었다면 이처럼 아름답게 포장된 책도 없었겠지요. 모두에게 고마움을 표합니다.

오늘 이 순간 한라산 자락으로 향하는 모든 분들께 이 책을 바칩니다.

한라산 자락에서
강정효

차례

제2부 설화와 역사가 만나는 한라산

설화의 땅, 한라

슬픔의 역사를 간직한 제주

산속에 깃든 부처의 땅

한라산을 노래한 시와 산문

제1부 한라산의 자연과 생태

우리나라에서 자라는 4,000여 종의 식물 가운데 절반 가까운 1,800여 종이 한라산 자락에서 자란다. 특히 아열대 식물부터 한대 식물까지 다양한 식물군이 이곳에서 질긴 생명력을 자랑하고 있다. 고도별로 확연하게 나타나는 이러한 식물 분포상의 변화로 인해 한라산은 이른바 살아 있는 생태 공원이자 식물원이라 할 수 있다. 특히 한라산은 그곳에서만 자랄 수 있는 70여 종의 특산 식물이 있어 회귀 식물 자원이 살아가는 곳이기도 하다. 다가올 시대를 '종(種)의 전쟁시대' 또는 '유전자 전쟁시대' 라고 한다. 다양한 종의 식물군을 보여주는 한라산의 식생은 다가올 미래를 대비하는 우리의 소중한 자산이요, 보물인 것이다.

한라산과 제주도를 구분하는 것은 불가능하다. 한라산이 제주도요, 제주도가 곧 한라산이기 때문이다. 한라산은 백록담을 정점으로 한 주봉과 그 자락에 360여 개의 기생화산, 즉 오름으로 구성되어 있다. 그리고 그 사이사이로 60여 개의 실개천과 같은 골짜기가 촘촘히 이어져 있다.

한라산은 120만 년 전 바다 한가운데서 땅이 솟아오르기 시작한 이후, 크게 다섯 단계에 걸쳐 진행된 수많은 화산 활동의 결과로 형성되었다고 추측하고 있다. 화산 활동으로 생겨난 섬이기에 사방이 온통 돌무더기로 덮여 있는데, 화산 지형의 특성을 관찰하는 데는 그야말로 최적의 조건이다. 화산섬이라는 특징 중 가장 대표적인 것이 기생화산이다. 오름이라 불리는 기생화산은 개개의 분화구를 갖고 있는 소화산체로 한라산 중턱 곳곳에 흩어져 있다. 제주도 내에는 368개의 오름이 있는 것으로 확인되는데, 이는 제주도의 면적을 감안할 때 단위 면적당 전세계에서 가장 밀집된 기생화산 군락지라고 한다. 368개의 오름들 중 한라산국립공원 구역 안에는 46개의 오름이 있다.

제주도는 강우량이 많은 지역으로 유명하다. 그렇지만 한 시간에 100mm 이상의 집중 호우가 내려도 폭우로 인한 피해가 거의 없다. 물이 한라산 백록담을 정점으로 방사상으로 형성된 수많은 골짜기를 통해 곧바로 바다로 흘러내리기 때문이다. 또한 현무암 지질

의 특성 때문에 많은 물이 지하로 스며든 후 해안 저지대에서 용출되어 주민들이 식수로 이용하고 있다.

한라산의 가장 큰 가치는 다양하면서도 독특한 생태계라 할 수 있다. 우리나라에서 자라는 4,000여 종의 식물 가운데 절반 가까운 1,800여 종이 한라산 자락에서 자란다. 특히 아열대 식물부터 한대 식물까지 다양한 식물군이 이곳에서 질긴 생명력을 자랑하고 있다. 고도별로 확연하게 나타나는 이러한 식물 분포상의 변화로 인해 한라산은 이른바 살아 있는 생태 공원이자 식물원이라 할 수 있다.

특히 한라산은 그곳에서만 자랄 수 있는 70여 종의 특산 식물이 있어 희귀 식물 자원이 살아가는 곳이기도 하다. 다가올 시대를 '종(種)의 전쟁시대' 또는 '유전자 전쟁시대' 라고 한다. 다양한 종의 식물군을 보여주는 한라산의 식생은 다가올 미래를 대비하는 우리의 소중한 자산이요, 보물인 것이다. 또한 한라산은 노루 등 한때 멸종 위기에 처했던 동물들이 인간의 보호 의지에 따라 어떻게 되살아나고 보존되는가를 보여주는 살아 있는 환경 교육의 장이다.〔이 책에 나오는 지명들은 제주도청에서 펴낸 『제주어사전』(1995)과 『제주의 오름』(1997)을 기준으로 표기했다〕

천의 얼굴, 한라산

어머니의 산, 한라

한라산은 예부터 영주산(瀛州山)이라 하여 봉래산(금강산), 방장산(지리산)과 더불어 3대 영산(靈山)의 하나로 신성시되어 왔다. 삼신산(三神山)이라고도 불리는 3대 영산은 중국 제(齊)나라 때부터 신선이 사는 곳으로 여겨져온 이상향으로, 중국 『사기』(史記)에 "바다 한가운데 삼신산이 있는데 봉래, 방장, 영주가 그곳이다"라는 기록에서 비롯된다. 조국이 분단된 오늘날에는 민족 통일의 의미로 '한라에서 백두까지'라는 표현을 쓸 정도로, 한라산은 북쪽의 백두산과 더불어 민족을 상징하는 한 축을 이루고 있다.

한라산의 신성함은 이름 그 자체에서 시작된다. '은하수를 끌어당길 수 있는'(雲漢可挐引也) 높은 산이라 해서 붙여진 이름, 한라산(漢挐山). 일제시대에 한라산을 올랐던 이은상(李殷相, 1903~1982)은 '한라'의 의미를 다르게 해석해 주목을 끌기도 했다. 즉 우리말의 '하늘산'에서 비롯되었다는 색다른 주장을 폈던 것이다.

한라산은 한라산 외에도 다른 이름들이 많다. 제주학의 선구자이자 나비 박사로 더 잘 알려진 석주명(石宙明, 1908~1950)은 『제주도 수필』 등에서 영주산, 두무악(頭無岳), 두무산(頭無山), 무두악(無頭岳), 탐라산(耽羅山), 원산(圓山), 원교산(圓嶠山), 부악(釜岳), 진산(鎭山), 선산(仙山), 중악(中岳), 여장군(女將軍), 단산(單山), 봉래산(蓬萊

하늘에서 본 백록담 한반도의 남쪽 끝에 우뚝 솟아 있는 한라산은 우리나라의 최고봉으로, 태평양을 향해 나아가고자 하는 우리 민족의 기상을 한껏 보여준다.

山), 부라산(浮羅山), 혈망봉(穴望峰), 조선부산(朝鮮富山), 하늘산 등 무려 20여 개에 달하는 이름을 소개하였다.

이 중 두무악, 두무산, 무두악이란 이름은 봉우리가 평평하기 때문에 붙여진 이름이고, 원산은 산세가 활이나 무지개같이 둥글게 굽어 있기 때문에, 부악은 꼭대기에 못이 있어 마치 가마솥과 같다고 해서 붙여진 이름이다.

신령스런 한라산의 이미지는 이름뿐 아니라 수많은 설화 속에서도 확인된다. 『고려사』(高麗史) 등의 역사 기록뿐만 아니라 제주의 수많은 전설 속에서도 한라산은 제주 사람들에게 마음속의 신(神)으로 존재하고 있다.

한라산의 일출　한라산 만세동산에 서면 하얀 설원 너머 백록담 위로 펼쳐지는 장엄한 해돋이를 볼 수 있다.

　　한라산과 관련된 설화 중에는 중국 제(齊)나라 위왕(威王)과 선왕(宣王), 연(燕)나라 소왕(昭王) 등이 삼신산으로 사람을 보내 늙지도 죽지도 않는다는 불로불사(不老不死)의 영약을 구해오게 했다는 이야기가 대표적이다.

　　이후 중국 천하를 통일한 진시황(秦始皇) 시대에 불로초를 구하기 위해 동남동녀(童男童女) 500쌍과 함께 서불(徐市: 서복이라고도 함)을 보냈다는 곳 또한 한라산이다. 이때 서불이 한라산에서 불로초로 캐간 것이 백록담(白鹿潭) 주변에서 자라는 시로미 열매라고도 한다. 또한 서불은 돌아가는 길에 서귀포(西歸浦)의 정방폭포에 '서불과차'〔徐市過此〕라는 글귀까지 남겼다고 하는데, 서귀포라는 지명도 '서불이 돌아간 곳'〔西歸〕이라는 뜻에서 유래했다.

　　『고려대장경』「법주기」(法住記)와 『조선불교통사』(朝鮮佛教通史)를 보면 불국토를 건설하려던 석가모니의 제자인 16존자 중 여섯번째인 발타라(跋陀羅) 존자가 이상세계로 여겨 눌러앉은 곳 또한 한라산의 영실이었다고 한다.

또한 한라산은 1만 8,000여 신들의 고향이기도 하다. 믿기지 않겠지만 제주도에는 서양의 창세기를 능가하는 천지개벽 신화가 있고, 수십 명이 나오는 그리스 신화와는 비교도 안될 정도로 많은 1만 8,000여 신들이 이곳 한라산에서 태어났다.

조그마한 제주도이지만 이 땅에서 살았던 우리 선인들의 기상은 장대하기 이를 데 없다. 한라산에 엉덩이를 깔고 앉아 한 발은 제주도 앞 바다의 관탈섬에, 다른 발은 마라도에 얹고 빨래를 했다는 거인, 설문대할망(선문대할망이라고도 함). 소변을 보자 땅이 파이면서 우도가 만들어졌다는 그 설화의 주인공을 상상해보라. 또 한라산 영실에서 500명의 아들을 키우던 홀어머니가 죽을 끓이다가 실수로 빠져 죽었다는 솥의 크기를 상상해보자. 제주는 그런 곳이다. 가슴속에 좁은 땅이 아닌 큰 우주를 담고 살아가는 곳이 제주도 한라산이요, 제주 사람들인 것이다.

오늘도 한라산 백록담의 바위틈에서 자라는 돌매화나무를 생각해보면 느낄 수 있다. 겨우 1cm 내외의 작은 키지만 세상에서 가장 작은 나무이기 때문에 더욱 가치 있는 우리의 식물 자원이라는 사실을.

제주 사람들은 한라산은 곧 제주도이고 제주도 자체가 한라산이라 여기며 살아간다. 한반도의 가장 큰 섬에 위치한 남한의 최고봉 한라산이 한민족의 어머니 산이라는 그들의 자부심은 대단하다.

제주도는 1,847.1km²의 면적에 동서로 73km, 남북으로 31km인 타원형으로 형성되어 있다. 한라산은 1966년에 일부 구역이 천연보호구역(천연기념물 제182호)으로 지정된 이후 1970년에는 우리나라에서 일곱번째로 국립공원으로 지정되었다. 제주도 전체

돌매화나무 백록담의 바위틈에서 자라는 돌매화나무는 키가 겨우 1cm 내외로, 전세계에서 가장 작은 나무이다. 우리나라에서는 이곳에서만 자란다.

면적의 8.3%에 해당하는 151.35km²가 공원 구역으로 지정, 관리되는 것이다. 또한 전국의 국립공원들이 대부분 국립공원관리공단이 관리하는 것과 달리 한라산은 지방자치단체에서 관리를 하고 있기 때문에 육지부 산들처럼 국립공원 구역 내에서 개인이 영업행위를 하는 경우가 드물어 환경 훼손의 위협으로부터 조금은 안전하다고 할 수 있다.

한라산이 탄생하기까지

지질학자들은 우리나라에서 화산이 활동했던 지역으로 백두산, 울릉도, 한라산을 꼽는다. 특히 한라산은 남한 최고봉임과 동시에 사면에 360여 개의 기생화산인 오름을 간직하고 있어 화산 지형 연구에 있어 교과서와도 같은 곳이다.

그렇다면 한라산은 언제 어떻게 만들어졌을까? 지금까지 이뤄진 여러 학자들의 견해를 종합해보면 다음과 같다.

먼저 제주도를 구성하는 지질 구조를 보면, 신생대 제4기 초에 형성된 서귀포층과 제4기 말에 화산 쇄설물이 퇴적되어 형성된 성산층·신양리층 등의 퇴적암층, 그리고 현무암·조면암·조면안산암 등의 화산암류로 이루어져 있다. 이러한 지질 구조를 통해 학자들은 4단계 또는 5단계로 나누어 제주도의 화산 활동 과정을 설명한다. 최근에는 기저현무암 분출기, 서귀포층 퇴적기, 용암대지 형성기, 한라산 화산체 형성기, 기생화산 활동기의 5단계로 설명하는 경우가 많다.

먼저 1단계인 기저현무암 분출기(120만 년 전)는 바닷속에서 서서히 땅이 올라오는 과정이다. 당시의 기저현무암은 현재 육지부에는 없다. 안덕면 용머리의 응회암에 들어 있는 현무암편에서 간혹 나타나는데, 절대연대값을 측정한 결과가 120만 년 전이었다. 제주도의 기반이 된 이 현무암류는 서귀포와 모슬포를 잇는 바다 밑에 해당하는 것으로 추정된다.

2단계인 서귀포층 퇴적기(120만~70만 년 전)로 대표적인 곳은 서귀포 천지연 주변

절벽에 노출된 해양퇴적층이다. 고기(古期)의
조면암류는 산방산, 범섬, 문섬, 섶섬, 각시바
위, 제지기오름, 남원읍 하례리 예촌망 등 서
귀포 주변 남부 해안선을 따라 발견된다.

3단계인 용암대지 형성기(70만~30만 년
전)에 이르러서야 오늘날의 제주도 해안선과
비슷한 모양을 갖추게 된다. 이때까지의 화산
활동은 중앙 분출이 아닌 지각이 벌어진 틈으
로 마그마가 흘러나오는 열하 분출로, 제주도
는 평평한 모습을 띠고 있었고 현재와 같은 높
이의 한라산은 없었다.

4단계는 한라산 화산체 형성기(30만~10만
년 전)로, 이때 한라산 중턱이 솟아올라 오늘
날과 같은 원추형의 한라산이 만들어진다. 비
로소 산이 우뚝 선 것이다.

이후 후속 화산 활동으로 한라산 사면에
300여 개의 오름이 만들어지면서 5단계 기생
화산 활동기(10만~2만 5,000년 전)에 이르러
오늘날의 제주도와 같은 모습이 만들어진다.
한라산 백록담의 서북벽을 이루고 있는 조면
암의 절대연대값은 2만 5,000년 전으로, 제주
도 용암류 중에서 가장 가까운 시기에 만들어
졌다.

한라산의 화산 활동은 이후에도 멈추지 않
고 역사 시대까지 계속된다. 『고려사』와 『고

한라산을 구성하는 암석들 위에서부터 순서대로
첫번째는 천미천의 장석반정 현무암, 두번째는 화
산이 폭발할 때 가스가 빠져나가며 온갖 모양으로
나타나는 화산탄, 세번째는 돈내코 상류의 조면암,
네번째는 용암 동굴이 석회 동굴로 바뀌어 가는 모
습을 보여주는 당처물동굴의 종유석이다.

영실의 현무암 바위 영실은 조면암이 분출한 후 현무암이 다시 솟아올라 형성된 지역으로, 오백장군이라 불리는 현무암 바위들이 즐비하게 서 있다.

러사절요』(高麗史節要) 등을 보면, 1002년(고려 목종 5)과 1007년에 화산 활동이 일어났다는 기록과 1455년과 1570년에 지진이 일어났다는 기록이 남아 있다.

화산 활동으로 생겨난 섬 제주도는 지표면의 90% 이상이 화산암의 하나인 현무암으로 뒤덮여 있다. 백두산, 울릉도 등과 더불어 우리나라에서 가장 최근에 형성된 화산 지질로 이루어진 제주도는 용암 터널인 동굴과 기생화산인 오름이 곳곳에 흩어져 있어 지질학자들 사이에서 화산의 보고(寶庫)라 일컬어질 정도로 가치 있는 곳이다.

화산 분출의 기록들

2002년 북제주군에서는 비양도 탄생 1,000주년 행사가 열렸다. 비양도는 1002년에 화산 분출로 생겨난 섬이라 하는데, 그 근거에 대해 살펴보자.

1002년 5월, "탐라의 산 네 곳에 구멍이 열리고 붉은색 물이 솟아나오다가 5일 만에 그쳤는데 그 물이 모두 와석이 되었다"(耽羅山 開四孔 赤水湧出 五日而止 其水皆成瓦石). 제주도에서의 화산 분출을 기록한 최초의 문헌인 『고려사절요』에 나와 있는 내용이다.

이어 1007년에도 『고려사』와 『고려사절요』에 화산 분출 기록이 나온다. "탐라에서 상서로운 산〔瑞山〕이 솟아났다" 하므로 목종이 태학박사 전공지(田拱之)를 보냈다. 탐라 사람들이 말하기를 "산이 처음 솟아나올 때는 구름과 안개로 뒤덮여 어두컴컴하고 땅이 진동하는데 우렛소리 같았고, 7일 밤낮이 지나자 비로소 구름과 안개가 걷히었습니다. 산의 높이는 100여 길이나 되고 주위는 40여 리나 되었으며 초목은 없고 연기가 산 위를 덮고 있어, 이를 바라보니 석류황(石硫黃)과 같으므로 사람들이 두려워하여 감히 가까이 갈 수 없었습니다"고 하였다. 이때 전공지는 몸소 산 밑에까지 이르러 그 모양새를 그려서 임금께 바쳤다고 기록돼 있다.

제주도 화산 활동에 대한 기록이 남아 있는 문헌으로는 『고려사』, 『고려사절요』, 『신증동국여지승람』(新增東國輿地勝覽) 등이 있다. 기록의 내용은 대부분 대동소이하나 『신증동국여지승람』만 약간 차이가 있다. 먼저 1002년의 기록에는 탐라산(耽羅山)이 빠지고 대신 "바다에서 산이 솟아났다"(山有湧海中)고 표기되어 있고, 1007년의 기록에는 뒷부분에 서산(瑞山)의 위치가 나오는데 "지금의 대정현(남제주군 대정읍 일대)에 속한다"(今屬大靜)고 돼 있다.

1,000년 전 화산 활동으로 생겨난 곳이 어딘지를 말할 때 학자마다 약간의 차이가 나는 이유가 여기에 있다. 즉, 앞서 『고려사』와 『고려사절요』의 기록에는 화산 폭발 장소에 대한 설명이 없지만, 『신증동국여지승람』의 기록에 따르면 두 번의 화산 활동 모두 바다에서의 용암 분출을 의미하며 이때 섬이 생겨났으리라 추측할 수 있다.

문헌들의 편찬 시기를 보면, 『고려사』는 1451년(문종 1)에 완성됐고 『고려사절요』는 1452년에 만들어졌다. 『신증동국여지승람』은 1481년(성종 12)에 『여지승람』이 50권으로 먼저 만들어진 후 1486년 증산·수정된 『동국여지승람』을 거쳐 1530년(중종 25)에 완성됐다. 『고려사』와 『신증동국여지승람』은 각기 왕명(王命)에 따라 만들어졌고 『고려사절요』는 역사를 기록하던 춘추관(春秋館)에서 펴냈다. 이렇듯 문헌의 기록이 통일되지 않았기 때문에 학자마다 견해의 차이가 나고 혼란이 초래된 것이다. 이후의 기록을 보자.

먼저 1601년 선조의 안무어사(按無御使)로 제주를 찾았던 김상헌(金尙憲, 1570~1652)은 『남사록』(南槎錄)에서 "고려 목종 16년 탐라의 해중에서 섬이 용출하였다고 했는데 곧 비양도라고 한다"는 기록을 남겨, 앞서 말한 것과 연대 표기가 잘못되었음을 알 수 있다. 1651년 제주목사로 부임한 이원진(李元鎭, 1594~?)은 제주도 최초의 읍지(邑誌)라 할 수 있는 『탐라지』(耽羅志)를 쓰면서 서산에 대해 "지금의 대정현에 속한다"라는 『신증동국여지승람』의 기록을 인용하여 설명하였다.

이어 1679년 대정(大靜)현감으로 왔던 김성구(金聲久, 1641~1707) 역시 『남천록』(南遷錄)에서 1007년 『신증동국여지승람』의 기록을 인용하였다. 1918년 김석익(金錫翼, 1885~1956)은 『탐라기년』(耽羅紀年)에서 『고려사절요』의 기록을 그대로 인용하였고, 1925년 일본인 지질학자인 나카무라 신타로(中村新太郎)는 『제주화산도 잡기』에서 1002년의 화산 분출은 비양도, 1007년의 화산 분출은 안덕면 군산(軍山)으로 추정하였다. 『고려사절요』와 『신증동국여지승람』 두 문헌 중 어느 것을 인용하느냐에 따라 이렇듯 달라지게 되는 것이다.

이 문제에 대해 제주도의 설화에서는 어떻게 접근하는지 알아보자. 북제주군 한림읍 협재리의 한 임산부가 어느 날 바다를 보니 없던 섬이 떠내려오고 있어 "섬이 떠내려온다"고 소리치자 섬이 그 자리에 멈춰 굳어졌다는 내용의 설화가 있다.

화산 활동의 모습을 보여주는 남제주군 안덕면 군산의 또 다른 설화를 보자. 안덕면 창천리 서당에 강 훈장이라는 사람이 있었는데, 어느 날 집 밖에서 자칭 용왕국의 왕자라는 이가 나타나 "지난 3년간 서당 밖에서 강 훈장의 글소리를 따라 글을 익혔는데 이제 돌아가면서 보답을 하고 싶다"고 말했다. 이에 강훈장이 "개울의 물소리 때문에 시

비양도 한림읍 앞 바다에 있는 비양도는 고려시대인 1002년에 화산 폭발로 생겨났다고 알려져 있다. 태어난 지 1,000년이 되는 2002년에는 기념 행사를 벌여 눈길을 끌었다.

끄러워 책을 제대로 읽을 수 없다"고 하자 "개울의 물소리를 없애기 위해 산을 하나 만들어주겠다" 하여 7일 밤낮 우레 속에 만들어낸 산이 있으니 서산, 즉 지금의 군산이라는 것이다.

　이와 유사한 이야기가 많아 한동안 향토사학자들이 마지막 화산 활동과 군산을 연관시키기도 했으나, 지질학계에서는 군산이 만들어진 시기를 제주도 형성의 초기 단계로 보고 있다. 더욱이 수만 또는 수십만 년 단위로 연구 활동을 펼치는 지질학계에서 5년은 한순간에 지나지 않는다. 그만큼 확인하기가 힘든 문제이기도 하다. 학자들마다 차이는 있지만 최후의 화산 활동 지역에 대해 비양도와 군산 외에도 송악산의 이중 분화구, 해저에서의 화산 활동 등이 다양하게 제기되고 있다. 이는 앞으로 우리 지질학계가 풀어야 할 과제로 남겨져 있다.

백록담의 형성 과정

한라산 백록담에 올라 발아래 펼쳐진 구름 위를 거닐다보면 모두가 신선이 되는 모양이다. 백록담은 신선이 하늘에서 흰 사슴을 타고 내려와 물을 마셨다는 전설을 간직하고 있다. 1937년 7월 국토순례단을 한라산에 이끌고 올랐던 이은상은 한라산을 '하늘산'으로, 백록담을 '불늪'이라 불러야 한다고 주장해 눈길을 끌었다.

    백록담이란 것은 곧 그대로 '불늪'이니 다시 이것을 한자로 말한다면 광명지(光明池)라고 할 것이다. 광명이세(光明理世)의 본 면목이 여기 와서도 나타나고 홍익인간(弘益人間)의 근본의(根本義)도 여기 와서 나타난 것이니, 깊고 높고 영광스럽고 신비한 뜻을 잊어버리고 묻어버리고 남의 글자를 함부로 집어오고 남의 사상을 씹지도 않고 먹으려 덤비는 것이 어떻게나 어리석고 탈날 일이겠더냐. 아닌게아니라 조선의 역사가 남의 글자 때문에 오그라들고 남의 사상 때문에 시들어버린 것을 생각하면 얼토당토않은 백록의 두 글자는 소리나게 동댕이쳐버릴 일이다.

    암울했던 일제시대에 나라 잃은 설움을 안고 산에 올랐던 이은상의 심정을 충분히 헤아릴 수 있는 부분이다.

    백록담은 화산 폭발로 만들어진 산정화구호이다. 화구의 능선 둘레는 1.72km, 그 넓이는 21ha(6만 3,000평)가 조금 넘으며, 동서 약 700m, 남북 약 500m인 타원형 구조이다. 1992년 한라산국립공원 관리사무소에서 조사한 바에 따르면 분화구 바닥면의 해발고도가 1,839m로 관측돼 화구호의 깊이가 111m에 달하는 것으로 나타났다. 백록담의 높이 1,950m는 서쪽 정상의 높이이고, 현재 등산객들이 오르는 동릉은 이보다 17m 낮은 1,933m이다.

백록담 서쪽의 조면암 해질 무렵 웃세오
름 부근의 왕석밭에 서면 백록담 서쪽의 조
면암이 햇빛을 받아 황금빛 자태를 뽐낸다.

한라산의 높이가 1,950m라는 사실은 1901년 외국인으로서 처음 한라산에 오른 독
일의 지리학 박사 지그프리트 젠테(Siegfroied Genthe, 1870~1904)에 의해 최초로 측
정되어 알려졌다. 젠테 박사는 독일의 「쾰른신문」에 '한국, 지그프리트 젠테 박사의 여
행기'라는 글을 1년여에 걸쳐 연재했는데, 무수은 기압계 2개와 영국제 기구 등을 이
용해 한라산의 높이를 측정했다고 소개했다. 그 다음으로는 1910년대에 조선총독부에
서 한반도 전역에 걸쳐 진행했던 토지조사작업을 통해 삼각 측량 방법으로 한라산의 높
이가 측정되었다.

한편, 옛 사람들은 백록담의 모양을 보고 동대(東臺), 서정(西頂), 남애(南崖), 북암
(北巖)이라고 불렀다. 동대란 동릉의 평평한 모습을 이르는 말이고, 서정이란 제일 높
은 곳인 서쪽 정상을, 남애란 남벽의 벼랑을, 북암이란 북쪽의 암벽 지대를 가리키는
것이다.

이러한 백록담의 형성 과정에 대해 좀더 과학적으로 살펴보면 이렇다. 제주동굴연구
소의 손인석 박사는 백록담이 시대를 달리하는 두 번 이상의 큰 화산 활동에 의해 형성
된 분화구라고 주장한다. 현재 백록담의 지질 구조를 보아도 남서쪽의 회회색을 띤 지
역은 조면암 계통으로 견고하고 매우 급한 경사를 이루는 데 반해, 북동쪽은 백록담 조
면현무암으로 이루어져 있는데 완만한 경사에 용암이 자연스럽게 흐르다 굳어진 느낌

백록담 남벽의 바위들 현무암의 칼날 같은 바위들로 이루어진 백록담 남벽 외륜은 마치 바위로 병풍을 친 것 같다.

을 갖게 한다.

부산대학교 윤성효 교수의 설명을 들어보자. 먼저 한라산 정상부에 비교적 점성이 큰 조면암질 마그마가 분출하여 돔 모양의 화산체를 이룬다. 이때 한라산의 높이는 오늘날보다 높았을 것으로 추정한다. 이어 돔 모양 화산체의 동쪽이 부서지면서 백록담 조면현무암을 형성시킨 마그마가 분출하여 동쪽 방향인 진달래밭 쪽으로 흘러내린다. 그후 분출 양식이 하와이형(하나의 분화구에서 용암이 일출식으로 흘러나오는 형태)으로 변하면서 조면현무암이 분화구 중심에서부터 북쪽과 동쪽, 남쪽으로 이동하여 백록담 조면현무암을 형성한다. 비슷한 시기에 서쪽의 웃세오름 지역에서 조면현무암질 마그마가 분석구(폭발식 분화로 방출된 화산 쇄설물이 분화구를 중심으로 쌓여서 생긴 원추형의 작은 화산)를 이루며 광범위하게 용암을 유출하여 법정동 조면현무암과 웃세오름 조면현무암을 형성한다.

샘이 없는 백록담

예전에도 백록담은 항상 물결이 넘실대는 호수였을까? 기록에 따르면 그런 모습은 아니었던 것 같다. 이에 대해 크게 두 가지 입장으로 나누어진다. 한 부류는 산 정상이나 백록담 화구벽에서 바라본 사람들이 깊이를 알 수 없을 정도라는 제주 사람들의 이야기에 주목해 수심이 깊다고 표현한 것이고, 다른 부류는 화구호 안의 물이 있는 곳까지 내려갔던 사람들이 수심이 깊어야 허리까지 찬다고 정확하게 표현한 것이다.

전자에 해당하는 대표적인 이가 임제(林悌, 1549~1587)이다. 그는 "아래를 굽어보니 물은 유리와 같이 깊고 깊이는 측량할 수가 없었다"라고 하였다. 그러나 김상헌의 기록을 보면, "가운데에 두 개의 못이 있다. 얕은 곳은 종아리가 빠지고 깊은 곳은 무릎까지 빠진다. 대개 근원이 없는 물이 여름의 오랜 비로 인하여 얕은 곳으로 흘러가지 못하고 못을 이룬 것이다"라고 하면서 "옛 기록에서 깊이를 헤아릴 수 없다고 했는데 이는 잘못 전해진 것"이라 평했다. 그리고 임제의 기록에 대해서도 백록담 밑으로 내려가지 않고 정상부에서 내려다본 모습이기에 깊게만 보인 것이라며 그 내용이 잘못되었음을 지적했다.

김치(金緻, 1577~1625) 판관은 가운데에 못이 하나 있는데 깊이는 한 길〔丈〕 남짓이라 했고, 이형상(李衡祥, 1653~1733) 목사는 "수심은 수 길에 불과하다. 옛 기록에 깊이를 헤아릴 수 없다고 하였는데 잘못 전해진 것이다. 물이 불어도 항상 차지 아니하는데 원천(샘)이 없는 물이 고여 못이 된 것이다. 비가 많아서 양이 지나치면 북쪽 절벽으로 스며들어 새어 나가는 듯하다"라고 하였다. 이원조(李源祚, 1792~1871)도 "물은 겨우 정강이를 적시는 얕은 경우가 전체 바닥의 5분의 1"이라 기록하여 깊지 않음을 설명하고 있다.

겨울철에 한라산을 등반한 최익현(崔益鉉, 1833~1906)은 "물이 반이고 반이 얼음이다. 홍수나 가뭄에도 물이 불거나 줄지 않는다고 한다. 얕은 곳은 무릎까지, 깊은 곳은 허리까지 찼다"고 했고, 젠테 박사는 큼직한 웅덩이보다 약간 더 큰 조그마한 호수라고 표현했다. 이은상은 "정상 함지(陷地)에 못이 대소 두 개로 돼 있는데 그 규모로나 수량으로나 저 유명한 백두산 천지에는 비견할 것조차 못 된다. 고산 정상에 못이 있다는 그 기이함에는 백두산과 뜻을 같이한다. 남북에서 쌍벽을 이룰 만하다"라고 그 의미를 설명하였다. 여기에서 의아하게 여길 수 있는 부분이 '못이 두 개'라는 표현인데, 이는 물이 말라가는 과정에서 가운데 약간 높은 부분이 먼저 드러나며 두 개로 나뉘어 보이는 것이다.

　옛 사람들의 기록에서도 알 수 있듯이 백록담은 그리 깊은 호수가 아니다. 물이 많이 말라버린 시기에 산에 올랐을 가능성도 있지만, 백록담 분화구 아래로 내려가 직접 확인한 사람들의 기록에서도 하나같이 깊어야 허리까지 차는 정도라고 구체적으로 설명하고 있다. 물론 1960~1970년대 초반까지만 하더라도 백록담에서 수영을 할 정도로 물이 가득 찼던 일이 종종 있었다. 제주적십자산악안전대의 자료에 따르면 1971~1973년 사이에 백록담에서 수영을 하다가 4명이 심장마비로 사망한 경우도 있었다. 당시 산행에 나섰던 원로 산악인들도 가슴 높이까지 물이 찼다고 증언하는 것을 보면 불과 2, 30년 사이에 수량이 많이 줄어든 것 또한 사실이다.

　1993년 제주도에서는 백록담의 물이 마르지 않게 하는 방안을 조사하였는데, 당시 선진엔지니어링에서는 증발 2%, 누수 98%로 원인을 분석하면서 가뭄이 들 때 분화구 내의 퇴적물을 제거한 후 바닥에 콘크리트와 유사한 방수막을 피복하는 방안을 제시하였다. 발표 당시 많은 논란이 일어 아직까지 그 용역 결과에 따른 세부 사업을 추진하지는 않았다. 최근에도 한라산연구소의 연구원들이 백록담 담수화 방안에 대한 학술조사를 추진 중인 것으로 알려져 있다.

　백록담의 물이 빨리 줄어드는 원인에 대해 학계에서는 백록담 형성 단계에서 그 단초를 찾고 있다. 즉 성질이 다른 두 암석(조면암과 조면현무암) 사이로 물이 빠지는 게

백록담의 겨울 백록담은 물이 많지 않아 겨울철이면 바닥을 드러내는 경우가 많은데, 2001년 2월 모처럼 얼음과 함께 물이 가득 차 장관을 연출했다.

아니냐는 것이다. 그렇다면 한라산 백록담에는 항시 물이 가득 차 물결이 넘실대야만 제멋일까 하는 의문을 가져본다. 옛 선인들도 지적했지만 백록담의 물은 비가 내렸을 때 모여드는 지표수이다. 샘이 있으면 지속적으로 물이 공급될 수 있지만 백록담 내부에는 샘이 없다. 당연히 시간이 경과하면 마를 수밖에 없다는 이야기다.

백두산 천지와 한라산 백록담은 다르다. 천지는 62%가 샘에서 솟아나는 지하수이고, 30%의 빗물 외에 흐르는 물 등으로 형성돼 항시 물이 넘쳐난다. 우리는 천지를 연상하며 백록담도 거기에 빗대어 비교하려는 경향이 없는지 반문해볼 필요가 있다.

1998년 제주도 전 지역이 가뭄으로 허덕일 때 백록담 또한 말라 거북등처럼 바닥을 드러내기도 했지만, 1999년 7월 한 달간 한라산 지역에 2,600mm 이상의 많은 비가 내

물이 가득 찬 백록담 1999년 7월 한 달간에 걸쳐 한라산 지역에 2,600mm 이상의 많은 비가 내렸다.

렸을 때, 그리고 2002년 태풍 루사가 많은 비를 뿌린 후에는 실로 수십 년 만에 최대의 만수위를 기록하기도 했다. 바닥을 드러냈을 때의 백록담도 백록담이고 만수위를 기록했을 때의 백록담도 백록담이다. 물론 거북등처럼 마른 바닥을 보는 것보다는 넘실대는 물결을 보는 것이 더욱 신비스러움을 자아내는 것도 사실이지만, 이 또한 인간의 부질없는 욕심이 아닌가. 섣부른 담수화 작업은 민족의 영산인 한라산을 또다시 망가뜨리는 결과를 초래할 수도 있다. 백록담 서북벽 등반 코스를 폐쇄하면서 남벽 루트를 개발한 결과로 옛 모습을 잃어버리고 황폐해진 오늘날의 남벽을 기억해야 한다. 인간의 욕심이나 가치 판단으로 자연을 재단할 때 얼마나 큰 대가를 치러야 하는지를.

천의 얼굴, 한라산

제주도 어느 곳에서나 한라산은 보인다. 하지만 보는 방향에 따라 그 모습이 달라질 수밖에 없다. 그렇다면 한라산이 가장 아름답게 보이는 곳은 어디일까?

제주 사람들은 하나같이 자신이 나고 자란 고향 마을에서 본 한라산을 최고의 풍경

바닥을 드러낸 백록담 1998년 오랜 가뭄으로 백록담은 거북등 같은 바닥을 드러냈다.

으로 꼽는다. 따라서 한라산이 가장 아름답게 보이는 곳은 어디일까라는 질문에 대한 정답은 대답하는 사람의 고향 마을인 것이다. 주관적일 수밖에 없는 대답이지만 한라산은 보는 각도에 따라 분명히 다르게 보인다.

어쩌면 제주를 처음 찾는 외지인이 더 객관적으로 한라산을 볼 수 있는데, 대체로 제주시와 서귀포시를 경계로 서부 지역에서 보는 모습이 아름답다고 표현한다. 특히 애월읍의 중산간은 한라산의 깊고 웅장한 모습을 볼 수 있는 최고의 장소라고 할 수 있다. 애월읍 중산간에서 보면 한라산 어리목골의 깊은 계곡이 두 갈래로 선명하게 보이고, 백록담 화구벽의 웅장한 지세도 볼 수 있다.

물론 골짜기의 깊은 맛은 제주시에서도 보이고 서귀포시에서도 보인다. 제주시에서는 시내 중심가에서도 탐라계곡의 깊은 골짜기와 왕관릉의 웅장함을 볼 수 있고, 서귀포시에서는 효돈천(돈내코) 상류 지역인 산벌른내의 웅장함을 볼 수 있다. 제주도 서남부 지역인 안덕면에서는 백록담 화구벽과 더불어 산 중턱에 있는 영실계곡의 웅장한 분화구를 볼 수 있는 장점이 있다. 제주도 동부 지역 중산간에서는 한라산 허리의 수많은 오름들을 볼 수 있어 또 다른 멋을 보여준다.

중문에서 본 한라산 서귀포와 중문을 비롯한 한라산 남쪽에서 보면 산은 웅장하기 그지 없다.(위쪽) / **제주시 산록도로에서 본 한라산** 제주시 중산간 지역인 산록도로에서 한라산을 보면 가장 먼저 탐라계곡이 한눈에 들어오고 이어 백록담 북벽과 왕관릉, 큰드레왓 등의 바위들이 위용을 자랑한다.(왼쪽 아래) / **산굼부리에서 본 한라산** 제주도 동부 지역의 대표적인 오름인 산굼부리에 오르면 들판의 억새 물결 속에 한라산이 완만하게 다가온다.(오른쪽 아래)

그럼에도 불구하고 제주도 서부 지역인 애월읍 중산간 지역을 최고로 치는 이유는 무엇인가? 한라산을 이야기할 때 산허리와 정상을 나누어 생각해보면 쉽게 이해가 된다. 우선 백록담 외벽을 보면, 서북쪽에서 서쪽을 돌아 서남쪽에 이르는 지역은 100m 이상의 수직 절벽으로 돼 있고, 동북에서 동남에 이르는 지역은 완만한 능선의 모습이다. 따라서 서쪽에서는 종을 엎어놓은 것과 같은 웅장함이 나타나지만, 동쪽에서 보면 삼각형 모양의 완만한 능선처럼 웅장함이 서쪽에 비해 다소 떨어진다는 차이가 있다.

제주 시가지에서 산을 보면 정상이 수평으로 밋밋하게 보인다. 백록담 동북쪽의 왕관릉 능선과 서쪽의 장구목 능선이 백록담 북벽과 일직선으로 보여 정상의 웅장함이 사라져버린다. 대신에 탐라계곡의 깊은 맛을 느낄 수 있는 것이 장점이다. 서귀포에서 보면 거리가 가깝기 때문에 한라산 자체가 그만큼 가깝게 느껴지고 산벌른내의 깊은 맛과 함께 웅장함을 느낄 수 있다. 백록담 남벽에 수직으로 형성된 조면암의 웅장함을 보는 장점은 있지만 동릉으로 이어지는 능선의 완만함이 다소 아쉬움을 준다. 제주도 동부 지역에서 보는 한라산은 돔 모양의 백록담 외벽을 제대로 볼 수 없다는 아쉬움이 남지만, 산 전체가 거의 굴곡이 없는 완만한 삼각형으로 편안함을 준다.

결국 한라산은 어디에서 바라보느냐에 따라 백록담 화구벽의 웅장함이 다르게 보이고, 주변 산허리의 지형에 따라서도 전혀 다르게 보인다. 그러나 가장 아름답게 보이는 한라산은 자신이 나고 자란 고향 마을에서 보는 모습이라는 사실은 변치 않는 정답이다.

오름의 왕국

세계 최대의 기생화산 군락

대부분의 사람들은 제주도에는 산이 한라산 하나만 있는 것으로 알고 있다. 물론 틀린 얘기는 아니다. 하지만 결코 단순한 문제가 아니다. 바로 오름이 있기 때문이다. 360여 개의 오름은 한라산을 전혀 다른 느낌으로 만든다.

오름이란 한라산 자락에 흩어져 있는 기생화산구를 가리키는 말로, 그 어원은 행동을 나타내는 동사인 '오르다'에서 명사형인 '오름'으로 변한 것으로 풀이된다. 지질학에서는 분화구를 갖고 있으며 내용물이 화산 쇄설물로 이루어진 화산구의 형태를 오름이라 정의하는데, 다른 표현으로 기생화산 또는 측화산이라고도 한다. 즉 하나하나의 분화구를 갖고 있는 소화산체가 오름인 것이다.

제주 사람들은 오름의 생성을 설화를 통해 설명하고 있다. 거인 설문대할망이 치마폭에 흙을 담아 한라산을 만들었는데, 그때 치마의 찢어진 구멍으로 떨어져 나간 한 움큼씩의 흙이 오늘날의 오름이 되었다는 것이다.

제주도와 제주발전연구원이 조사한 바에 따르면 한라산 사면에는 368개의 오름이 흩어져 있는 것으로 밝혀졌다. 이는 제주도라는 조그만 화산섬의 면적을 감안할 때 오름 군락으로서는 가히 세계 제일이라 할 수 있다. 이러한 오름들은 한라산 정상 백록담

백록담 동릉에서 본 동부 지역 오름들　한라산 사면에는 368개의 오름이 흩어져 있어 오름 군락으로서는 가히 세계 제일
이라 할 수 있다.

큰드레왓 병풍바위 백록담의 서북쪽에 위치한 큰드레왓은 예부터 장구목과 정상으로 이어지는 길목 역할을 했다. 장구목에 서면 병풍바위(선이바위)가 한눈에 들어온다.

을 정점으로 하여 100여 차례 이상의 화산 활동 과정을 통해 생겨났다.

이 중 한라산국립공원 구역에는 46개의 오름이 있는데, 대부분 해발 1,000~1,500m에 분포한다. 그 면적은 14.7km²로 국립공원의 10분의 1에 해당한다. 이를 지역별로 보면 제주시 지역이 걸시오름, 큰드레왓, 족은드레왓, 골머리오름, 어승생악, 능화오름, 삼각봉, 장구목, 돌오름, 왕관릉, 흙붉은오름, 불칸디오름, 쌀손장올, 물장올, 태역장올, 성진이오름, 개오리오름 등 17개로 가장 많다. 북제주군 애월읍에는 붉은오름, 쳇망오름, 이슬렁오름, 사제비동산, 웃세붉은오름, 웃세누운오름, 웃세족은오름, 만세동산, 삼형제큰오름, 삼형제샛오름, 민대가리동산, 쉼터동산, 살편오름, 어슬렁오름 등 14개가 있고, 서귀포시에 영실기암, 불래오름, 다래오름, 웃방애오름, 방애오름, 알방애오름, 장오름, 왕오름 등 8개가 있다. 이밖에 남제주군 남원읍에 물오름, 동수악, 성널오름,

논고악, 사라오름, 입석오름 등 6개와 북제주군 조천읍에 어후오름이 있다.

오름은 어리목 코스 주변인 백록담 북서쪽과 성판악 코스 북쪽에 특히 밀집되어 있는데, 산에 오르며 주위에 널려 있는 오름 군락을 함께 볼 수 있다는 것은 한라산만이 갖고 있는 최고의 매력이다. 특히 어리목 코스와 영실 코스가 경계를 이루는 만세동산에서는 제주도 서쪽의 오름들을 거의 대부분 볼 수 있고, 성판악 코스에서 진달래밭대피소를 지나 구상나무숲에 이르면 동쪽 사면의 수많은 오름들이 끝없이 이어진다.

수많은 오름들 중 특히 산정화구호를 가지고 있는 오름은 또 다른 신비함을 보여준다. 한라산에는 모두 9개의 산정화구호가 있는데, 국립공원 구역에는 물장올을 비롯하여 사라오름, 소백록담, 동수악, 어승생악 등 5개가 있다. 국립공원 경계 밖의 산정호수로는 우리나라 최초의 습지 보호 지역으로 지정된 남원읍의 물영아리를 비롯하여 교래리의 거문오름(물찻오름), 금악의 금오름 등이 있다.

등산로에서 볼 수 있는 오름을 보면, 먼저 어승생악을 필두로 사제비동산을 거쳐 만세동산, 웃세오름으로 오르는 어리목 코스의 경우, 북쪽으로는 족은드레왓, 민대가리동산, 큰드레왓이 보이고 서쪽으로는 쳇망오름, 쉼터동산, 이슬렁오름, 어슬렁오름과 1,100도로 너머로 천아오름, 붉은오름, 살핀오름, 노로오름, 삼형제오름, 한대오름 등이 한눈에 들어온다.

영실기암을 우회해 만세동산, 웃세오름으로 이어지는 영실 코스의 경우, 남쪽으로는

거문오름 산정화구호　한라산 동쪽 자락에 있는 거문오름은 울창한 산림 속에 넘실대는 산정화구호로 아름다움을 연출한다.

서귀포와 중문 방면의 오름들이 한눈에 들어오고, 서쪽으로는 어리목 코스에서 보이는 서쪽 사면의 오름들과 함께 멀리 비양도와 송악산, 산방산 그리고 마라도, 가파도까지 한눈에 펼쳐진다.

능화오름을 거쳐 큰드레왓, 삼각봉, 왕관릉을 지나 정상에 오르는 관음사 코스의 경우, 왕관릉에 올라서면 바로 동쪽으로 흙붉은오름과 돌오름, 사라오름, 성널오름이 있고 북동쪽으로 어후오름, 불칸디오름, 물장올, 쌀손장올, 태역장올, 성진이오름, 개오리 오름 등이 펼쳐진다. 맑은 날에는 성산일출봉 너머 우도까지 한눈에 들어와 제주도 동쪽 사면의 오름들을 거의 모두 볼 수 있다.

성판악 코스는 출발 지점인 물오름을 시작으로 성널오름, 사라오름과 돌오름, 흙붉은오름 사이를 지나는데, 1,800고지인 구상나무숲 지대에 이르러 뒤를 돌아보면 제주도 동부 지역의 모든 오름들이 펼쳐진다.

어승생악

제주시와 북제주의 애월읍과 한림읍 지역에서 한라산을 바라보면 제일 먼저 한눈에 들어오는 한라산 중턱의 오름이 있다. 어찌 보면 정상인 백록담보다도 더 크게 보이는 산 중턱의 이 오름이 어승생악(해발 1,169m)이다.

오름나그네 김종철 선생이 어승생악을 가리켜 "한라산 주봉이 오름 왕국의 군주라 한다면 어승생악은 오름들의 맹주라 할 만하다"고 표현했을 정도로 어승생악은 당당 하게 우리 앞에 다가선다.

제주도의 368개 오름 중에 산체의 크기는 350m의 어승생악이 남제주군 안덕면 군산에 이어 두번째이지만, 제주시 지역에서 볼 때 한라산 중턱에서 차지하는 어승생악의 존재는 매우 크다.

어승생악은 정상에 화구호(火口湖)를 가진 오름으로, 산정호수가 있는 몇 안되는 기생화산이다. 산정호수는 비가 되어 내린 지표면의 물이 '송이'라 불리는 화산재인 스코

어승생악 멀리 뒤쪽으로 한라산 백록담이 보이며, 사진의 중간쯤에 Y계곡과 어리목광장이 있고, 바로 앞에는 오름들의 맹주라 표현되는 어승생악이 그 웅장함을 드러낸다.

리아(scoria)를 통과하지 못해 분화구에 고이면서 형성된 것이다. 분화구 벽의 송이층이 화구 내로 무너져 내리면서 점토질의 화산재층이 쌓여 물이 빠지는 것을 막는 일종의 차수벽 역할을 한다.

어승생악의 화구는 그 깊이가 20m로, 비가 내리면 화구호를 이루지만 바로 말라버려 바닥을 드러내는 경우가 많다. 과거에는 '기전유지 주백보'(其巔有池 周百步)라 하여 꽤 많은 양의 물을 보유한 화구호였다는 게 일반적인 시각이다.

산체가 큰 어승생악의 주변에는 깊은 계곡이 발달했는데 남쪽으로는 외도천의 중류인 Y(와이)계곡이라 불리는 어리목골이, 동쪽으로는 골머리계곡이 있다. 어리목골의 경우 백록담 서북벽과 큰드레왓에서 발원한 계곡이 어승생악 동남쪽 합수머리에서 만나 제주시 외도동의 월대로 이어지고, 도근천의 상류인 골머리계곡은 어승생악 자락인 어리목광장 동쪽 습지에서 발원해 선녀폭포(천녀폭포)를 거쳐 월대 동쪽에서 외도천과 만난다. 어승생악을 사이에 두고 두 개의 하천이 연관을 맺고 있는데 결국 하나가 돼 바다로 향한다.

어승생악은 임금이 타는 말인 어승마에서 유래된 이름으로 인해 명마의 생산지라는 이미지가 워낙 강하지만, 최근에는 제주의 맑은 물을 이야기할 때 더 많이 등장한다. 제주도민의 식수인 어승생 수원지가 북쪽 사면에 있고, 중턱에 있는 샘을 어리목광장으로 끌어들여 등반객들이 목을 축이는 식수로 이용하고 있다.

골머리오름

제주를 방문하는 사람들이 제주해협을 통과할 때 제일 먼저 보는 것이 한라산의 웅장함과 함께 한라산 자락에 수많은 골짜기로 이루어진 아흔아홉골이다. 사람들은 완전한 숫자의 개념으로 100을 이야기하는데 왜 하필이면 하나가 모자란 99일까? 이에 대해 제주의 옛 선인들은 하나가 모자라서 불행이 시작되었다는 아주 그럴싸한 설화 하나를 전하고 있다.

아주 먼 옛날 한라산에 100개의 골짜기가 있었는데 사자와 호랑이 같은 맹수들이 뛰놀며 백성을 괴롭혔다. 그러던 어느 날 중국에서 한 스님이 찾아와 맹수들을 한 골짜기에 몰려들게 하고는 그 골짜기 자체를 없앴다. 그뒤부터 제주에는 맹수도 없어지고 큰 인물도 나오지 않게 되었다.

이 아흔아홉골 설화는 제주에 맹수가 없다는 사실과 왕이 나지 않는 곳, 즉 탐라국의 붕괴와 더불어 본토의 변방으로 전락한 역사를 통해 백성들의 고난이 시작되었음을 말해준다. 현실에서 어렵게 살아가는 민중들의 비원이 서린 곳, 아흔아홉골. 그 중에서 골머리란 골짜기의 머리, 즉 아흔아홉골의 첫머리에 해당하는데, 제일 서쪽 머리 부분의 제1봉을 이야기한다. 지금 천왕사가 위치한 일대를 이르며, 그 위쪽으로 금봉곡(金峰谷) 동쪽 능선에 있는 오름이 골머리오름이다.

아흔아홉골　한라산에서 유일하게 수많은 골짜기가 중첩된 아흔아홉골의 전경이다. 오른쪽 끝에 골머리오름이 있다.

제주시에서 1,100도로를 가다보면 5·16도로와 맞닿은 산록도로가 나온다. 노루생이오름 남쪽이며 동쪽으로 길이 나 있다. 남쪽으로는 제주시 공동묘지가 보이는데 그 너머를 보면 수많은 골짜기들이 끝없이 펼쳐진다. 천왕사에서 오른쪽으로 난 도로를 따라 20여 분 가량 가면 한라산에서 사시사철 물줄기를 볼 수 있는 유일한 폭포인 선녀폭포의 비경을 감상할 수 있다.

골머리오름을 포함하는 아흔아홉골은 조면암질 용암 분출 후 물리적으로 심한 풍화작용을 받아 독특한 지형을 형성하게 되었다. 골머리오름은 자연림에 덮여 있어 뚜렷한 산형을 갖추고 있지 않지만, 북쪽 사면은 급경사의 벼랑이고, 북쪽 제주시 공원묘지 부근에서 바라보면 오름 형태를 확인할 수 있다.

만세동산

한라산에 많은 눈이 내리면 산은 또 다른 모습으로 우리들 앞에 다가온다. 우리가 흔히 보아왔던 눈으로 덮인 한라산 자락이나 벌판 위에 온통 눈꽃으로 치장한 구상나무, 그리고 그 너머로 백록담의 화구벽이 장관을 자랑하는 장면은 겨울 한라산을 대표하는 모습이다. 이러한 겨울 한라산의 장관으로 가장 널리 알려진 곳이 어리목 등산로변에서 만나는 만세동산이다.

어리목 코스로 등반에 나서 숲길을 1시간 가량(2.4km) 오르면 나무숲은 사라지고 파란 하늘이 나타나는데, 이곳이 사제비동산(해발 1,423.8m)이다. 이어 사제비약수에서 목을 축인 후 30분(0.8km)을 더 오르면 만세동산(해발 1,606.2m)에 다다른다. 등산로는 만세동산과 남어리목골을 사이에 두고 동쪽으로 계속 이어지는데, 모두들 한 번쯤은 탄성을 내지르는 곳이 바로 이 만세동산이다. 어리목 코스에서 한라산 정상인 백록담의 웅장한 모습이 처음으로 보이는 곳이기 때문이다. 또한 5월 중순부터 피어나기 시작하는 산철쭉의 장관을 느껴볼 수 있는 한라산 최고의 조망점으로도 그 명성을 더한다.

울창한 숲길에서 벗어나 하늘을 볼 수 있는 곳이 사제비동산이라면, 만세동산은 한라산 등산에서 지나온 길과 가야 할 길을 함께 볼 수 있는 곳이다. 앞으로 보면 계곡 너머로 민대가리동산과 장구목이, 오른쪽으로는 웃세오름 세 봉우리와 백록담 화구벽이 보이고, 뒤를 돌아보면 방금 걸어왔던 사제비동산과 어승생악, 그 너머로 쳇망오름, 삼형제오름 등이 보인다.

만세동산은 만수동산 또는 망동산이라 부르기도 하는데 그 어원에 대해서는 제각각이다. 만수(萬水) 또는 만수(万水)라 하여 물 수(水)를 사용하는 것을 보면 만세동산 동쪽에 있는 습지 때문에 불리던 이름이 아니었나 여겨지고, 망동산이라 할 때는 주위 경관이 한눈에 들어와 말과 소를 치는 테우리(목동)들이 망을 보던 곳이 아니었나 추측해 볼 수 있다.

만세동산의 습지는 어떻게 형성된 것일까? 먼저 이곳의 지질을 살펴보면 쉽게 이해가 되는데, 습지 바닥은 흑색 화산회토로 구성되어 있고, 그 아래쪽은 일부 붉은색 송이층과 용암류로 되어 있다. 이 말은 곧 습지는 주변의 오름 사이에 펼쳐진 용암대지와 그 위를 덮고 있는 흑색 화산회토의 특징을 반영한 결과라 할 수 있다. 흑색 화산회토는 제주도 화산 활동 과정의 마지막 단계인 기생화산 활동기에 한라산 정상 주변에서 대규모로 일어났던 화산 분화 활동의 산물인 화산재층이다.

만세동산은 비고(오름의 순수한 높이를

만세동산의 습지 예부터 만수동산이라 불릴 정도로 물이 많은 만세동산은 드넓은 습지를 안고 있다.

만세동산   고산 초원 지대인 만세동산은 백록담의 웅장한 멋을 가장 잘 볼 수 있는 곳이다.

표현하는 용어)가 81m로 그리 높지 않은 오름이다. 웃세족은오름에서 보면 야트막한 평원이 이어지다가 봉긋하게 솟아오른 느낌이 들지만, 사제비동산 쪽에서 보면 완전한 하나의 오름으로 다가온다. 주변의 웃세족은오름의 비고가 64m, 웃세누운오름이 71m, 웃세붉은오름이 75m이니 가까이서 보면 더 높은 오름이라고 할 수 있다. 이는 백록담 서쪽 사면의 경우 만세동산까지는 완만한 경사가 이어지다가 만세동산을 기점으로 경사의 정도가 급해진다는 것을 의미한다.

만세동산 서쪽으로는 다소 급경사를 이뤄 이곳의 빗물이 모여 쳇망오름과 사제비동산의 물을 끌어모은 후 한라계곡으로 흘러드는데, 어리목의 한밝교 건너편 다리인 한라교로 이어지는 물줄기다. 이어 다리에서 하류로 50m 가량 가면 한밝교를 통과한 어리목골의 물과 합쳐진 후 천아오름으로 향하게 된다. 무수천(無愁川)을 거쳐 월대로 이어지는 이 외도천의 수많은 골짜기의 물들이 모여 제주도민의 식수원으로 이용되고 있다.

예전에는 시로미 군락지로 유명했던 만세동산도 1990년대 이후 황폐화되는 등 많은 몸살을 앓고 있다. 이곳은 일반 등반객의 출입이 금지된 곳이므로 인간의 발길에 의한 일방적인 훼손이라기보다는 1차적인 토양 유실 이후 빗물에 의한 2차적인 환경 파괴라는 주장이 더 설득력 있다. 어찌 됐건 인간이 자연을 아끼지 않으면 앞으로는 자연이 인간에게 보복할지도 모른다는 생각을 갖게 하는 부분이다.

만세동산의 진면목은 만세동산을 구성하는 지질 구조에서 그 의미를 찾아볼 수 있다. 한라산 백록담 일원을 덮고 있는 화산암은 아래로부터 보리악 조면현무암, 한라산 조면암, 백록담 조면현무암, 법정동 조면현무암, 웃세오름 조면현무암, 만세동산 역암 순으로 이루어진 것으로 관찰되는데, 맨 마지막 부분을 덮고 있는 것이 바로 만세동산 역암이다. 즉 맨 나중에 만들어진 만세동산 역암이 한라산 형성 과정의 대미를 장식했다는 이야기다.

2001년 시행된 '한라산 기초 조사 및 보호관리계획수립 보고서'에 따르면 웃세오름 조면현무암을 분출한 분석구로는 사제비동산을 비롯하여 만세동산, 웃세붉은오름, 웃방애오름, 방애오름, 알방애오름, 장구목 등이 있다. 특히 사제비동산—만세동산—웃세붉은오름—웃방애오름을 잇는 단층선과, 장구목—웃방애오름—방애오름—알방애오름을 잇는 단층선이 있었던 것으로 추측된다.

만세동산 역암은 백록담 정상 외륜의 서쪽을 덮고 있는데, 구체적으로는 백록담 분화구의 서쪽 절벽 아래를 비롯하여 장구목 능선, 웃방애오름 능선, 만세동산의 서쪽 외도천 상류 바닥 등에 노출돼 있다.

만세동산 정상에 올라가면 바위 무더기들을 볼 수 있다. 한라산 형성의 마지막 단계를 장식한 암석들이라는 의미를 새겨 한번 유심히 살펴보기를 권한다.

웃세오름

1994년 7월 1일부터 실시한 자연휴식년제로 어리목 코스와 영실 코스에서 백록담 등반이 통제되었다. 그래서 등반객들은 등반이 가능한 1,700고지에 있는 웃세오름을 한라산에서 제일 먼저 떠올렸다. 이곳은 말 그대로 '위에 있는 세 오름'이라는 뜻이지만 이들에게도 엄연히 자신만의 이름을 갖고 있다는 사실을 아는 사람은 그리 많지 않다. 제일 동쪽에 있으면서 맏이 격인 붉은오름(해발 1,740m), 가운데가 누운오름(해발 1,711.2m), 그 다음이 족은오름(해발 1,698.9m)이다.

한라산 자락에는 수많은 오름이 있는데 왜 하필이면 이 세 오름을 묶어 웃세오름이라고 할까? 한라산 1,100도로에 가면 삼형제오름인 큰오름, 샛오름, 족은오름이 있다. 이들 삼형제오름과 대비시켜 위에 있는 세 오름을 웃세오름이라 부르고 있다면 절로 수긍이 갈 것이다.

웃세오름은 송이(스코리아)층으로 이루어진 화산이다. 스코리아구는 현무암질 마그마가 분출하는 미국의 하와이와 같은 순상화산이나 아일랜드의 용암대지에서 많이 볼 수 있는데, 화산의 폭발 지점인 화도 위치를 나타내는 매우 귀중한 자료로 평가된다.

이와 관련해서 한라산연구소의 강순석 박사는 웃세오름 주변과 선작지왓 일대에 조면암의 파편들이 분포한다고 말하고, 이것은 백록담 조면암이 처음 형성될 당시에는 백록담 서벽의 깎아지른 절벽뿐만 아니라 웃세오름 일대까지 광범위하게 이어진 대규모의 조면암체였다고 추정한다.

지금은 웃세붉은오름이나 웃세누운오름에서 자연 침식되어 속살을 드러낸 붉은 송이층을 쉽게 볼 수 있는데, 이것은 용암이 분출해 오름을 만들 때 형성된 스코리아이다. 그리고 그 사이사이에 회백색에서 담녹회색을 띤 매우 큰 장석반정을 볼 수 있는데 이것이 백록담 조면암이다. 결국 웃세오름 지대는 한라산 형성 단계 중 3단계(용암대지 형성기)에 수십 차례에 걸쳐 형성된 한라산 현무암층과 4단계(한라산 화산체 형성기)의 백록담 조면암, 그리고 오름이 분출할 때 뿜어져나온 현무암 등으로 이루어져 있다는 것이다.

웃세오름 해질 무렵 웃세누운오름에서 본 웃세붉은오름과 백록담의 전경이다. 그림자는 웃세누운오름이다.

웃세오름은 백록담 서쪽에서는 가장 높은 곳에 위치한 오름이다. 한라산 전체를 놓고 보면 북쪽의 장구목(해발 1,813m)과 남쪽의 웃방애오름(해발 1,747.9m) 다음이지만, 동쪽으로는 이보다 낮은 흙붉은오름(해발 1,380.7m)과 산정화구호로 유명한 사라오름(해발 1,324.7m)이 뒤를 잇는다.

한라산 백록담의 경관을 이야기할 때 최고로 치는 곳이 웃세오름이다. 특히 웃세누운오름 정상에서 보는 해질 무렵의 백록담 서쪽 화구벽은 한마디로 불을 뿜는다는 표현이 떠오를 정도이다. 예진에 이 주변에서 소와 말을 돌보던 테우리들 사이에서는 주변의 가축을 살피던 곳이라 하여 망오름 또는 망동산이라 불리기도 했는데, 그 위에 올라보면 절로 탄성이 나올 정도로 주변 경관이 빼어나다. 동쪽으로는 백록담 외벽이 웅장하게 솟아 있고 남쪽으로는 선작지왓의 넓은 고산 평원이, 서쪽으로는 만세동산과 불래오름이, 북쪽으로는 민대가리동산이 펼쳐진 그야말로 최고의 경관 조망 지역이다.

1970년대 초반 한라산이 국립공원으로 지정된 이후 한라산 등반에 있어서 반드시 거쳐야 했던 곳이 웃세오름이었다. 그 결과 수많은 등반객들의 발길이 집중되다보니 붉은 속살을 드러내는 등 급격히 황폐해졌고 지금은 자연휴식년제로 이곳에서 정상에 이르는 구간이 통제되는 상황을 맞게 되었다. 정상이 통제된 지금 한라산을 올랐던 사람들에게 가장 기억에 남는 게 무엇이냐고 묻는다면 상당수가 웃세오름대피소에서 먹었던 컵라면을 이야기할 것이다. 특히 한겨울 눈 덮인 산 위에서 시린 손을 녹이며 먹는 라면의 그 얼큰한 맛을 잊을 수 없다.

삼형제오름

한라산 중턱을 넘어 제주시와 서귀포를 잇는 횡단도로는 두 개가 있다. 제2횡단도로라 불리는 1,100도로(99번 국도)와 5·16도로(11번 국도)이다. 이 중 1,100도로는 우리나라 국도 가운데 가장 높은 해발고도인 1,100고지를 통과한다고 하여 붙여진 이름으로, 관광객들이 즐겨 찾는데 그 중심에 있는 것이 1,100고지 탐라각휴게소이다.

탐라각휴게소가 위치한 곳은 삼형제오름의 제일 동쪽에 위치한 큰오름의 동쪽 사면으로, 바로 앞에 고산 습지원이 형성돼 있다. 그 너머로 영실기암과 불래오름, 쳇망오름 등이 펼쳐져 한라산 최고의 전망을 자랑한다. 이곳은 왼쪽의 쳇망오름을 시작으로 진멀리오름, 만세동산, 어슬렁오름, 이슬렁오름, 개미오름, 쉼터동산, 영실기암, 불래오름, 왕오름 등이 한눈에 파노라마처럼 펼쳐진다.

행정 구역상 북제주군 애월읍과 서귀포시의 경계에 해당하는 삼형제오름은 한라산 정상인 백록담에서 서쪽으로 8km 가량 떨어져 있다. 그 사이에 세 오름이 일직선상으로 배치돼 있는데, 바로 웃세오름이다.

삼형제오름은 큰오름(해발 1,142.5m), 샛오름(해발 1,112.8m), 족은오름(해발 1,075m)으로 나뉘는데, 삼형제오름의 모습은 영실 등산로 해발 1,500m에서 1,600m에 이르는 지점에서 보아야 제격이다. 오름 셋이 나란히 서 있는 모습이 너무나도 사이좋게 보여 웃세오름의 반대 개념인 아래의 세 오름이 아닌 삼형제오름이라고 부르는 이유를 미루어 짐작하게 만든다.

세 오름의 정상은 다소 평평하며 서쪽으로 흘러내린 형태의 말굽형 화구를 갖고 있다. 특히 샛오름의 경우 남쪽 능선에 조그마한 새끼오름 하나를 더 갖고 있는 게 특징이다. 서쪽으로 흘러내린 형태 중에서 굼부리(분화구) 방향이 약간 다르게 나타나는 것은 분출 당시의 바람 방향 때문이라고 설명한다.

삼형제오름 주변에는 1,100고지 탐라각휴게소 일대에 3만여 평, 삼형제족은오름 서쪽에 1만여 평 등 보존 가치가 큰 대규모의 습지가 형성돼 있다. 제주도와 제주발전연구원, 제주환경운동연합이 공동으로 조사한 자료에 따르면 1,100고지 습지에는 190여 종, 10여 개의 변종 식물이 분포하는 것으로 확인되는데, 제주달구지풀, 애기솔나물 등 특산 식물 9종과 제주피막이, 한라부추 등 13종의 희귀 식물이 자라는 천혜의 자원 장소로 평가되고 있다. 초가을 한라부추가 붉은 꽃으로 치장할 때나 한겨울 눈꽃이 만발한 나무들은 관광객들의 기념 촬영 장소로 인기를 끌고 있다.

이곳 습지의 물들은 영실기암 서쪽 불래오름 사면에서 발원해 1,100고지의 북쪽 다리인 영실교를 지나는 하천으로 흘러드는데, 이 하천은 천아오름을 거쳐 외도천으로 흘러든다.

한편 삼형제오름 중 제일 서쪽에 위치한 족은오름 너머의 습지원은 안덕계곡을 지나 화순해수욕장 인근으로 흐르는 창고천의 발원지에 해당한다. 족은오름 주변에는 10여

삼형제오름의 습지 오작지왓이라고도 불리는 삼형제족은오름 서쪽의 습지로, 여름에는 무당개구리들의 천국이다.

삼형제오름 영실 등산로에서 본 삼형제오름이다. 철탑이 있는 곳이 큰오름이고 그 너머로 샛오름과 족은오름이 겹쳐진다.

기의 무덤이 있는데, 그 중 하나인 전주이씨 선영의 비석에는 이곳 지명이 '水文水田 午作之原'(수문수전 오작지원)으로 명기돼 있다. 1906년(광무 10)에 세워진 비석이니 불과 100년 전까지만 해도 오작지왓[午作之原]이라 불렸다는 얘기다.

여름날 이곳에 오면 수많은 물웅덩이에서 무당개구리들이 짝짓는 모습을 보게 된다. 무당개구리는 가슴 부분에 붉은 반점이 있다. 우리 조상들은 이것을 최고의 위장약으로 쳤고, 지금도 위암 환자들은 무당개구리를 구해 약으로 달여 마시기도 한다. 무당개구리를 먹으면 최소한 병세가 악화되는 것은 피할 수 있다는 얘기가 전해지기 때문이다.

각종 습지 식물과 낙엽활엽수림대의 식물, 무당개구리, 산개구리, 그리고 노루의 서식지인 이곳도 경제 논리 앞에서 그 원형을 잃을 위기에 처한 적이 있었다. 1997년 한라산에 '뱅디동계 스포츠지구' 라 하여 스키장 등을 만들려는 계획이 추진되었는데 그 대상 지역으로 거론됐던 곳이 바로 이곳이었다. 그 내용을 보면 삼형제오름에서 노로 오름에 이르는 170만m²에 스키장과 눈썰매장 등을 조성한다는 것인데, 환경 및 경관 영향 평가, 도민 합의가 선행되어야 한다는 선결 과제 때문에 현재는 계획이 유보된 상태다.

나무는 가만히 있고자 하나 바람이 내버려두지 않는 것처럼 산은 묵묵히 그 자리를 지키고 있는데 인간들이 산을 가만히 놔두지 않는 것이다.

불래오름

한라산 영실 주변은 그 명칭 하나하나가 무슨 의미를 지니고 있는 양 특이하다. 영실 (靈室)이 그렇고 오백장군(五百將軍), 오백나한(五百羅漢), 천불봉(千佛峰) 등이 그것이다. 다분히 불교적인 용어가 쓰이면서 신령스러움을 이야기하고 있는 것이다. 불래(佛來)오름 또한 그렇다. 부처가 온다는 의미를 담고 있는 말이 아닌가.

이 모든 명칭의 뿌리에 영실의 존자암이 있다. 불래오름 남쪽에 위치한 존자암은 기록에 따르면, 삼성혈〔탐라국의 삼신인이 솟아나온 곳, 제주시 이도1동에 있으며 고(高), 양(梁), 부(夫) 3성씨의 후손들이 봄과 가을에 제사를 지냄〕에서 고을나·양을나·부을나 삼신인이 솟아났던 시기에 만들어진 사찰이라고까지 표현하고 있으니, 기록이 사실이라면 우리나라 최초의 사찰이 되는 것이다.

사실 여부를 떠나 존자암에 대한 이야기를 담고 있는 문헌은 다음과 같다. 먼저 『고려대장경』「법주기」인데, 이 문헌에는 석가세존의 제자 16존자들은 부처님이 열반에든 후 각자 떨어져 살았는데 그 중 "여섯번째 존자 발타라가 그 권속 아라한과 더불어 탐몰라주(耽沒羅洲)에 많이 나누어 살았다"는 내용이 있다. 이능화(李能和, 1869~1943)의 『조선불교통사』에는 "발타라 존자가 900아라한과 더불어 탐몰라주에 많이 나누어 살았다"라고 하면서, 탐몰라주는 탐라를 말하며 지금의 제주도라고 기록하고 있

불래오름 영실에서 본 불래오름으로 예전에는 이곳부터 1,100고지까지 오솔길이 나 있었다.

다. 불래오름에 대해 오름나그네 김종철 선생은 볼레낭(보리수나무)이 많기 때문에 불려진 이름이라고 다른 입장을 피력하기도 했다.

불래오름은 영실 등산로에서 보면 바로 눈앞에 펼쳐지는 오름이다. 영실 등산로에서 불래오름으로 가는 옛 길이 희미하게 남아 있지만, 지금은 한라산국립공원 관리사무소 영실지소 뒤쪽으로 유물 발굴 및 복원 작업을 하는 과정에서 길을 새로이 뚫었다. 걸어서 30여 분 걸린다.

오름의 정상에는 굼부리가 형성돼 있는데 북쪽으로는 천아오름으로 흐르는 외도천의 한 지류가 발원하고, 남서 사면은 법정악을 돌아 흐르는 도순천의 발원지가 된다. 또한 불래오름에는 습지원이 형성돼 있는데 1,100고지 습지까지 이어진다.

영실기암

한라산에서 백록담 이외의 최고 경승지를 꼽으라면 대부분의 사람들은 영실기암을 이야기한다. 영실계곡, 오백나한, 오백장군 등으로 불리는 영실기암은 다양한 이름만큼이나 전해 내려오는 이야기가 많은 곳이기도 하다.

영실(靈室)은 신령이 사는 집 또는 골짜기란 뜻을 담고 있는데, 이곳에는 지명만큼이나 신(神)과 관련된 이야기가 많이 전한다. 석가모니의 제자가 이곳에서 도를 닦았다는 존자암의 창건 유래와 함께 옛날 몸집이 거대한 한 어머니가 500명이나 되는 아들들이 먹을 죽을 끓이다가 솥에 빠져 죽었다는 이야기가 전하는 곳도 영실이다. 어머니가 빠져 죽은 줄도 모르고 죽을 맛있게 먹은 아들들이 나중에 그 사실을 알고 구슬피 울다가 바위가 되었다는 오백장군의 전설이 있다. 지금도 바람 부는 날이면 바위 틈새로 아들들의 울음소리처럼 웅웅거리는 바람 소리가 유난히도 강하게 들린다고 한다.

영실기암은 예부터 영주십경(瀛州十景)의 하나로, 제주도 경승지를 이야기할 때 빠지지 않는 명소이다.

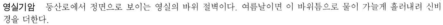

영실기암 등산로에서 정면으로 보이는 영실의 바위 절벽이다. 여름날이면 이 바위틈으로 물이 가늘게 흘러내려 신비경을 더한다.

제주에서 가장 아름다운 풍경, 영주십경

제주에서 가장 아름다운 10가지 풍경을 꼽은 것으로, 조선 순조 때 매촌(梅村: 제주시 도련동)에 살았던 매계(梅溪) 이한우(李漢雨) 선생이 자연의 변화 순서에 따라 제주의 경관을 노래한 것이 그 시초이다.

성산출일(城山出日)

제주의 동쪽 끝인 성산일출봉에서 떠오르는 아침 해를 구경하는 것을 말한다. 성산일출봉은 높이가 182m이며, 3만여 평의 초지에 왕관 같은 99개의 작은 바위들이 둘러싸고 있어 웅장한 자태를 자랑한다.

성산출일

사봉낙조(沙峰落照)

제주시 건입동에 위치한 해발 148m의 사라봉(沙羅峰)에서 바라보는 해넘이를 말한다. 사라봉은 깎아놓은 듯한 절벽 밑으로 세차게 부서지는 파도의 모습과 함께 해가 질 무렵 먼 바다로 스며들어가는 낙조가 장관이다.

사봉낙조

영구춘화(瀛邱春花)

제주시 한천 중류에 있는 오등동 방선문은 '들렁귀' 라고도 불리는데 봄날 이곳의 벼랑에 피어 있는 진달래와 철쭉꽃의 아름다움을 말한다. 하천 가운데 거대한 기암이 마치 신선의 세계로 가는 문처럼 서 있다 하여 붙여진 이름으로 '등영구' (登瀛邱)라 한다.

영구춘화

정방하폭(正房夏瀑)

서귀포시 바닷가에 위치한 정방폭포는 동양에서 유일하게 바다로 직접 떨어지는 폭포이다. 23m 높이의 절벽에서 떨어지는 두 줄기 폭포로, 물줄기에 햇빛이 반사되어 만들어내는 무지개와 짙푸른 바다의 정취를 함께 느낄 수 있다.

고수목마(古藪牧馬)

한라산 중턱의 오름과 벌판에서 뛰노는 말의 모습을 이야기한다. 몽고가 제주도에서 말을 기르기 시작한 이후 제주는 말의 고장으로 유명했는데《탐라순력도》등에 당시의 모습이 그림으로 전해지고 있다.

산포조어(山浦釣魚)

제주시 해안인 산지포(山地浦)에서 낚시를 즐기는 멋을 말한다. 예전에 이곳에는 석조 다리인 홍예교와 남수각이 있었고, 그 밑을 흐르는 맑은 물에는 은어가 뛰놀았다고 한다.

산방굴사(山房窟寺)

산방산 절벽에 있는 석굴이다. 길이 10m, 높이 5m, 너비 5m의 산방굴이 있고 이 굴 안에 고려 때 세워진 산방굴사가 있다. 이곳에서 바라보는 용머리의 해안 풍경과 일몰이 장관이며, 굴 내부 천장에서 떨어지는 물맛 또한 일품이다.

굴림추색

굴림추색(橘林秋色)

가을철 제주성에 올라 과원에서 익어가는 감귤을 바라보는 것이다. 과원이란 조선시대 임금에게 진상했던 감귤을 재배하던 관청의 감귤 과수원을 말하는데, 기록에 따르면 제주에서 진상하는 귤이 36종이나 되었다고 한다.

녹담만설(鹿潭晚雪)

겨울철 한라산 정상 백록담에 흰 눈이 덮여 장관을 이루는 경치를 일컫는다. 특히 만세동산이나 웃세오름에서 보는 모습이 장관이다.

녹담만설

영실기암(靈室奇岩)

한라산 남서쪽 산허리에 위치한 영실에 깎아지른 듯한 기암들이 솟아 있는데 이를 오백나한 또는 오백장군이라 부른다. 특히 봄날 바위틈에서 피는 철쭉꽃과 가을철 단풍이 붉게 물들었을 때가 장관이다.

영실기암

이와 관련하여 1937년 조선일보사의 전국산악순례사업으로 한라산을 등반했던 이은상은 그의 『탐라기행 한라산』에서 "영실은 실로 한라산의 만물상으로 그 구도와 모양이 금강산의 만물상과 다름이 없어 오백장군이라는 별호가 있고, 석라한(石羅漢)이라는 다른 명칭도 있다"고 소개하였다. 더불어 "오백장군이라 함은 초동·목동들이 부르는 이름이요, 석라한이라 함은 불가의 승려들이 지어낸 이름일 것"이라고 추측하였다.

그렇다면 영실기암에는 바위 기둥이 진짜 500개가 존재할까라는 의문을 갖게 된다. 먼저 영실기암의 형태를 살펴볼 필요가 있는데 영실기암은 북쪽으로는 병풍바위라 불리는 1,000여 개의 돌기둥이 주상절리를 이룬 수직 암벽이 있고, 동쪽으로는 높이가 10~20m나 되는 바위 500여 개가 홀로 또는 뒤엉켜 서 있다. 동쪽의 옛 등산로에 가서 보면 서쪽 영실 등산로에서 동쪽으로 보이는 바위 무더기들이 하나하나 별개의 모습을 하고 있는 것처럼 보이는데, 그 숫자가 500여 개가 된다 하여 오백장군이라 불리게 됐다는 것이다.

영실기암은 2000년에 계곡이 아닌 화산 분화구, 즉 오름이라는 주장이 제기돼 또 한 번 주목을 끌기도 했다. 즉 영실기암은 한라산 조면현무암(장석 현무암)이 약 52만~47만 년 전에 분출하여 만들어진 분화구인데, 이때 용암이 해발 400~500m까지 흘러내려 계곡의 형태를 띠게 되었다. 그후 약 7만 년 전에 다시 영실의 중앙부에서 조면암질 암석이 솟아올라 오늘날의 모습을 갖추게 되었다는 것이다.

다시 말해 지금의 영실 등산로와 과거 등산로로 이용되었던 동쪽 능선으로 이어지는 부분이 영실 분화구의 외륜으로서 처음의 분화구 형태라는 말이다. 이어 오백장군이라 불리는 바위들이 솟아올라 오늘날의 모습을 갖추게 되었다는 것인데, 백록담의 형성 과정인 남서쪽의 조면암이 먼저 솟아오른 후 북동쪽에서 현무암이 용암 돔의 일부를 부수며 흘러나온 과정과는 그 순서가 반대의 양상을 보이고 있다.

무더운 여름날 장마비가 내린 직후에 영실 등산로를 찾으면 동쪽 영실기암의 바위틈을 따라 가느다란 두 개의 물줄기가 보인다. 동쪽 사면의 물줄기들이 모여들어 조그마한 폭포수를 이루고 있는데, 보는 이의 마음까지도 상쾌하게 한다. 여기에서 시작된 물줄기가 계곡을 따라 흐르며 땀으로 범벅이 된 등산객들에게 목을 축이는 식수로 바뀌는 곳이 영실 분화구이고 또한 영실계곡이다.

장구목과 삼각봉

제주시에서 한라산 정상을 쳐다보면 깊은 골짜기 두 개가 확연하게 드러나는데 이곳은 산북 제일의 하천인 한천의 상류 지점, 즉 탐라계곡이라 불리는 곳이다. 두 개의 골짜기 중 동쪽을 동탐라계곡, 서쪽을 서탐라계곡(또는 개미계곡)이라 구분하여 부르기도 한다. 동·서탐라계곡은 개미등과 개미목을 사이에 두고 백록담으로 향하고 있는데, 동탐라계곡은 백록담 북벽까지 이어지고 서탐라계곡은 큰드레왓에 막혀 동탐라계곡보다 길이가 짧다.

서탐라계곡의 끝 지점에 위치한 큰드레왓 동쪽으로 삼각형으로 치솟은 거대한 바위 봉우리가 그 위용을 자랑하는데, 바로 삼각봉(해발 1,695.5m)이다. 일반적으로 삼각봉이라 하면 장구목으로 이어진 북봉을 이야기한다. 삼각봉은 장구목에서 이어진 부분이지만 북쪽에서 보면 바위 벼랑이 삼각형으로 보인다. 옛 지도에는 연두봉(鳶頭峰), 즉 솔개의 머리라 표기되어 있다.

삼각봉에서 시작된 능선은 백록담 서북벽까지 이어지는데 이곳이 한라산 자락의 오름들 중 가장 높은 지점에 위치한 장구목이다. 백록담에서 북쪽 방향인 제주시 방면으로 보면 장구목이 동서로 넓다란 평원을 이루며 탐라계곡에 막힌 동쪽에서 출발하여 서쪽 큰드레왓으로 이어진다. 평탄한 등성마루와 좌우의 급경사면으로 이루어진 장구목은 좌우로 깊은 계곡으로 둘러싸인 원추형 화산으로, 한라산 현무암과 백록담 현무암으로 이루어져 있다.

서북벽 바로 아래에 백록담 현무암으로 이루어진 바위 무더기가 있는데, 이 지점이 해발 1,813m인 장구목의 정상이다. 장구목은 제주도의 오름 중 백록담과 가장 가까이에 위치한 최고 지대의 오름으로 웃방애오름(해발 1,747.9m), 웃세붉은오름(해발 1,740m) 등이 그 뒤를 잇고 있다.

장구목이란 지형이 장구 모양으로 이루어진 길목이란 의미를 담고 있는데 동탐라계곡 건너에 위치한 왕관릉에서 보면 장구 모양으로 보인다고 한다. 옛 문헌에는 장고항(長鼓項)이라 표기되어 있다.

장구목에서의 길목이란 의미는 한라산의 정상인 백록담 서북벽에서 내려선 후 장구목을 거쳐 서북쪽의 큰드레왓으로 이어진다는 것이다. 이는 장구목과 큰드레왓 사이가 좁은 통로로 연결되기 때문에 붙여진 것으로 풀이할 수 있다. 이러한 이유로 인해 장구목은 한라산의 어깨마루로 표현되기도 한다. 장구목이 바로 한라산을 인체에 비유할 때 머리인 백록담과 몸통인 산 중턱의 큰드레왓과 민대가리동산을 잇는 어깨에 해당한다는 것이다.

특히 장구목의 가치는 좌우의 하천에서 찾아볼 수 있는데, 제주시의 양대 하천인 외도천과 한천이 이곳을 좌우 경계로 하여 발원한다. 장구목을 사이에 두고 동쪽으로는 동탐라계곡이, 북쪽인 삼각봉 아래로는 서탐라계곡이, 서북쪽으로는 외도천의 상류인 동어리목골이, 서쪽으로는 백록담 서북벽에서 발원한 남어리목골이 지난다. 한천과 외도천의 가장 큰 줄기가 각각 두 개씩 장구목을 정점으로 하여 생겨났다는 얘기가 된다.

겨울철 장구목은 전혀 새로운 의미로 우리 앞에 다가온다. 오늘날 세계적인 수준을 자랑하는 한국의 산악인들이 두각을 보인 바탕에는 이곳 장구목에서의 적설기 훈련이 큰 비중을 차지한다. 한라산은 눈의 성질이 히말라야 등 외국의 고산과 비슷하고, 특히 급격한 기상 변화로 인해 산악인들에게 해외 원정시 겪게 될 온갖 상황을 외국까지 가지 않고서도 체험할 수 있게 해준다. 그리고 그 한가운데 장구목이 있다. 산악인들은 장구목의 사면에서 설벽 등반 훈련을 하기도 하고, 추락하는 상황에서 피켈(설산에서 보행시 얼음을 찍어 자신을 지탱하는 도구)을 이용하여 자신을 보호하는 활락 정지 훈련을 반복한 후 해외 원정길에 나서는 것이다.

장구목에 가면 능선에 돌무더기가 쌓여 있는데, 바로 고상돈 캐른(길이 표시 또는 등정의 표시로서 돌을 쌓아올린 것)이라 불리는 곳이다. 고상돈 씨는 우리나라 최초로 세계 최고봉인 에베레스트(해발 8,848m)에 태극기를 꽂은 산악계의 전설적 인물로서, 그가 매킨리에서 유명을 달리하자 산악인들이 그를 기려 이곳에 돌탑을 쌓았다.

또한 장구목의 정상에 있는 바윗덩어리에도 눈길을 끄는 동판 두 개가 말없이 박혀 있다. 1983년 12월 25일 고모(당시 23세) 씨는 동료 산악인들과 함께 훈련에 나서 백록담 동릉을 출발하여 개미등을 거친 다음, 날이 어두워지자 장구목에서 비박(등산에서 천막을 치지 않고 바위 밑이나 나무 그늘, 눈 구덩이 따위를 이용한 간단한 야영)한 후 웃세오름의 베이스캠프로 귀환하다가 사고를 당하였다.

동판 중 하나는 바로 1983년 이곳에서 사망한 고모 씨를 기리는 추모 동판이고, 다른 하나는 1992년 북미 최고봉인 매킨리 등반 도중 사망한 세 사람을 추모하는 내용이다. 해마다 5월과 12월이면 이곳에서 제주대학교 산악회 회원들이 조용한 가운데 추모제를 지내고 있다.

장구목은 유일하게 한라산에서 눈사태가 발생하는 지역이다. 특히 장구목과 용진각, 왕관릉으로 이어지는 지역은 좌우 70° 내외의 경사 때문에 추락과 눈사태 등 조난 사

장구목 정상의 바위 무더기 장구목은 한라산에서 조난 사고가 가장 많이 나는 곳이다. 정상 바위틈에는 조난자들을 기리는 표석이 있다.

고가 많이 일어난다.

장구목에서 눈사태로 인한 대표적인 사고는 1985년 대한산악연맹 대원 36명이 히말라야 K2봉 원정에 앞서 이곳에서 훈련하다가 눈사태를 만나 이 중 1명이 중상을 입었던 것을 들 수 있다. 이보다 앞서 1971년에는 서울대학교 학생 11명이 용진각대피소 부근에서 눈사태를 만난 사고가 있었고, 캠프와 대피소가 매몰된 사고도 있었다. 최근에도 장구목에서 눈사태로 사고를 당한 예가 있다. 2001년 2월 장구목에서 설벽 등반 훈련을 하던 대학 산악부원들이 눈사태를 맞아 이 중 3명이 사망하는 참사를 빚은 것이다.

이제까지의 사고 대부분이 계곡에서 장구목으로 빙벽 훈련에 나섰던 대원들에게 위에 얼어 있던 눈덩어리가 아래로 내려앉으며 대형 사고로 이어진 경우였다. 눈의 성질을 확인하고 그 상황에 맞는 등반 대책을 세운 후 등반에 임해야 하는 지역이라고 산악인들은 입을 모아 말한다.

장구목의 동판에 새겨진 1992년 매킨리의 등반 사고는 제주가 낳은 세계적인 산악인 고상돈 씨가 산화(散華)한 북미 최고봉 매킨리봉(해발 6,194m)의 한을 풀고자 제주의 후배 산악인들이 기획했던 원정 등반에서 일어난 것이었다. 당시 산행에 나섰던 동료와 후배 산악인들은 2002년 매킨리봉 재도전에 나서 기어이 정상에 오르는 쾌거를 일구어냈다. 산사나이들의 끈끈한 우정과 좌절하지 않는 도전 정신을 느끼게 해주는 대목이다.

장구목은 한라산이 국립공원으로 지정된 1970년 이후 1986년까지 백록담을 오르는 모든 등반객들의 발길이 이어지면서 심한 몸살을 앓게 된다. 등산로 주변의 식생이 파괴되어 이후 계속적으로 복구 작업을 했지만 큰 성과를 보지 못해 안타까움을 주고 있다. 장구목은 한번 파괴된 자연을 되살리기 위해서는 얼마나 많은 노력이 필요한가를 보여주는 산교육장으로서 지금 우리 앞에 다가서고 있다.

정상의 사나이, 고상돈

고상돈

1,100고지에는 제주가 낳은 세계적인 산악인 고상돈 씨가 묻혀 있다. 고상돈 씨는 1977년 우리나라에서는 처음으로, 그리고 전세계 국가로는 8번째로, 원정팀으로는 14번째로 세계 최고봉인 에베레스트 정상에 태극기를 꽂아 우리나라 산악사의 한 페이지를 장식한 인물이다.

1977년에 구성된 한국 에베레스트 원정대(대장 김영도)의 2차 공격조로서 셀파(외국의 고산을 오를 때 길을 안내하거나 짐을 날라주는 일꾼)인 펨바 노르부와 함께 9월 15일 낮 12시 50분(한국 시간 오후 4시 30분), 출발한 지 7시간 20분간의 사투 끝에 에베레스트 정상을 정복하였다. 등정을 성공한 후 무전을 통해 "여기는 정상. 더 이상 오를 데가 없다"고 했던 그의 말은 유명하다. 고상돈 씨의 쾌거는 세계에서 처음으로 몬순 기간인 9월 중에 등반한 사실과 21일간의 고속 캐러번(베이스캠프까지의 장비 및 물자 수송) 등 여러 가지 기록을 남기며 한국이 세계 산악계에 주목받는 계기가 됐다.

고상돈 씨는 1979년 우리나라에서는 처음으로 북미 최고봉인 메킨리봉을 제주의 박훈규 씨, 충북의 이일교 씨 등과 더불어 등정하게 되는데 하산 도중 추락하여 이일교 씨와 함께 사망했다. 이때 박훈규 씨도 중상을 입어 손가락과 발가락 대부분이 잘리는 비운을 맞게 된다. 이로써 서른 살이라는 길지 않은 삶을 살다간 고상돈 씨는 영원한 산 사나이로 한국 산악계의 전설로 남았다. 1948년 제주에서 태어난 그는 1975년부터 제주산악회의 명예회원으로도 활동했다. 사고 후 서울 한남공원묘지에 묻혔다가 1980년 한라산 자락으로 안식처를 옮겼다.

고상돈 묘역과 추모비

왕관릉

12월에서 2월까지 3개월 동안만 개방되던 한라산 백록담이 2003년에는 1년 내내 개방 돼 정상 등반이 허용되었다. 겨울철 적설기에는 등반객의 발길에 의한 훼손이 덜하다 고 하여 겨울철에만 정상을 개방했던 것인데, 이때 즐겨 이용되었던 등산로가 관음사 코스와 성판악 코스다.

등반 거리가 8.7km로 왕복 10시간 가까이 소요되는 관음사 코스는 1800년대부터 즐겨 이용되던 유래 깊은 등산로이다. 1841년 이원조 목사가 방선문 동쪽 마을인 죽성 촌(현재의 제주시 오등동)에서 출발하여 백록담 북벽으로 정상에 오른 후 남벽을 이용해 선작지왓을 지나 영실로 하산한 것을 시작으로, 최익현이 이 코스를 이용했다. 일제시 대인 1937년 한라산에 오른 이은상은 산천단을 출발점으로 삼는데 관음사, 한천, 개미 목, 삼각봉, 용진각을 지나는 오늘날의 관음사 코스를 이용한다.

관음사 코스를 이용하여 등반에 나서면 해송으로 덮인 등산로를 따라 개미목까지 가 쁜 숨을 몰아쉬며 오르게 된다. 개미목의 끝자락에 서면 시야가 탁 트이면서 웅장한 바 위가 등반객을 압도하는데 눈앞에 삼각봉이, 그리고 계곡 너머 정상에는 왕관릉이 펼쳐 진다.

비고가 150m인 왕관릉은 둘레가 822m로, 그리 넓지는 않지만 오름 대부분의 비고 가 100m 내외임을 감안하면 다소 높은 오름이라 할 수 있다. 바로 아래에 탐라계곡이 펼쳐지기 때문에 그만큼 높게 나타나는 것이다. 가파른 탐라계곡의 사면을 올라 왕관 릉에 서면 넓지 않은 면적에다 약간의 바윗덩어리가 있는 모습에 다소 실망하기도 한 다. 하지만 해질 무렵 이곳보다는 탐라계곡 건너인 장구목 능선에서 보아야 붉게 물든 왕관 모양이 제 모습을 드러낸다.

맑은 날 제주 시내에서 백록담을 보면 좌우로 웅장한 산체가 떠받치고 있는 모습을 볼 수가 있는데, 동쪽이 왕관릉이고 서쪽은 장구목이다. 특히 겨울철 눈이 덮였을 때 깊은 탐라계곡과 대비되어 보이는 왕관릉의 모습은 웅장하다는 표현 외에 달리 할 말 이 없다.

왕관릉 장구목에서 보는 왕관릉의 전경이며, 단풍이 장관을 이루고 있다. 오른쪽으로는 등산로가 보인다.

왕관릉은 백록담에서 용암이 분출한 후 차츰 굳어지면서 약한 지대의 지층을 따라 흐르다가 마침내 그 힘이 약화되어 생성되었다고 알려져 있다. 윤성효 교수는 「백록담 분화구의 지질 구조」라는 논문에서 한라산 조면암이 백록담 정상에서 관음사 등산로를 따라 분포하는데, 이때 흐르던 용암층이 멈추고 굳은 것이 왕관릉이라고 했다. 실제 왕관릉 정상에 서면 온통 바윗덩어리로 만들어진 오름이라는 느낌을 받는다.

강순석 박사에 따르면 왕관릉과 장구목, 삼각봉으로 이어지는 이곳은 모두가 조면암질 용암류인 한라산 조면암으로, 연대를 측정해보니 약 16만 년 전에 분출한 용암이라고 한다. 백록담 분화구의 서쪽 화구벽을 형성하고 있는 조면암 수직벽과 관련이 있다는 것이다.

왕관릉에 서면 동쪽으로 수많은 오름 군락이 제일 먼저 반긴다. 동쪽 바로 앞으로는 물장올의 웅장한 모습이 보이고 주변에는 태역장올, 쌀손장올, 불칸디오름이 펼쳐진다. 성판악 방면으로는 돌오름과 흙붉은오름, 사라오름, 성널오름 등이 한눈에 들어온다.

바닥에는 시로미와 한라산 특산인 제주조릿대 등이 자라고, 등산로를 따라 정상으로 오르면 구상나무의 진한 향기에 취하게 되는 곳이기도 하다. 왕관릉에서 정상까지는 평균 27°의 경사가 계속되는데 대략 50분 가량 소요된다. 관음사 코스의 마지막 고비가 되는 지점이 이 왕관릉이라 할 수 있다.

소백록담

1996년 제주도 모 일간지에 산악인을 비롯한 모든 제주도민들이 깜짝 놀란 기사 하나가 실렸다. 한라산 백록담 주변에 전혀 알려지지 않은 산정화구호가 새롭게 발견되었다는 것이다.

소백록담 백록담의 북동쪽 능선에 위치하는 소백록담은 온통 낙엽활엽수로 둘러싸여 있다.

백두산의 소천지와 같은 의미를 담아 소백록담이라 명명된 이 산정화구호는 지름이 약 150m에 지나지 않는 아담한 호수인데, 주변에 구상나무와 울창한 낙엽활엽수림이 우거져 있어 이제껏 사람들의 눈에 띄지 않다가 이때 비로소 세상에 알려지게 되었다. 위치는 백록담을 기준으로 하여 북동쪽으로 1,700m, 왕관릉에서는 1,200m 거리의 1,550고지에 있는데, 백록담 북서쪽의 수많은 능선 중 하나가 갑자기 깊게 파이면서 물을 담아 두는 호수로 변한 것이다. 그래서 오름이라고 따로 분류하고 있지 않지만 물을 담고 있는 수량이나 형태로 보았을 때 일반 습지와는 판이하게 다른 모습이다.

소백록담의 서쪽으로는 넓게 습지대가 형성되어 있어 한라산에서 말을 방목했던 과거에 초지대로 크게 작용했음을 쉽게 짐작할 수 있다. 소백록담 주변에는 들개들의 습격을 받아 죽은 노루들이 눈에 띄기도 하는데 지금은 노루들의 옹달샘 역할을 하고 있다. 주변 골짜기의 물들이 드물게 습지를 형성하고 있으며, 물이 한군데로 모여 소백록담을 이루고 있다.

필자는 전에 소백록담을 본 적이 있는데, 2002년 제주적십자산악안전대의 조난자 구조 훈련에 동행하여 소백록담을 찾았을 때였다. 왕관릉을 출발하여 1시간 가량이면 도착할 소백록담을 짙은 안개로 인해 한치 앞도 보이지 않는 악천후 속에서 2시간을 더 헤매다 어렵게 찾았다. 욕심을 부려 카메라 장비와 부식, 야영 장비까지 잔뜩 짊어진 탓에 무릎 관절에 무리가 가 엄청나게 고생한 기억이 새롭다. 한라산에 가을 첫눈이 내렸던 그날, 소백록담과 1960년대 후반 적설기 전국대학생등산대회의 코스로 이용됐던 학사 코스에서 꼬박 10시간 이상을 눈과 안개 속에 헤맨 탓에 다시는 산으로 향하지 않겠다고 몸서리를 치기도 했다. 이렇듯 소백록담은 늘 범접하기 어려운 아득히 높은 곳에 자리잡고 있다.

제주적십자산악안전대

국내 최초의 민간산악구조대를 아십니까? 우리는 한라산이 남한 최고봉이라는 사실에만 주목했을 뿐 그 내면에 대해서는 너무도 모르는 게 많다. 우리나라 최초의 산악 조난 사고가 한라산에서 일어났고, 또한 우리나라 최초의 민간산악구조대가 한라산 자락에서 결성됐다는 사실을 아는 사람은 거의 없을 것이다.

우리나라 최초의 조난 사고는 일제시대 1936년 1월에 일어났는데, 경성제국대학교 산악부의 마애가와 도시하루 대원이 겨울 적설기 백록담 등정에 나섰다가 용진각으로 하산하던 중 조난당해 첫 사망자로 기록된다. 용진각 동쪽 능선 나무숲에 그들의 추모비가 세워져 있다. 해방 이후에는 1948년 1월 한국산악회 대원들이 관음사 코스로 정상을 오른 후 하산하던 도중 용진각을 찾지 못한 채 그대로 하산하다가 탐라계곡에서 전모 대장이 조난되었다. 그가 우리나라 최초의 사망자로 기록된다. 1961년에 서울대학교 법대생인 이모 씨가 또다시 한라산에서 사망했고, 이해 5월 제주의 산악인들이 우리나라 최초의 민간산악구조대인 제주적십자산악안전대(초대회장 김종철)를 결성하였다. 김종철, 부종휴, 안흥찬, 고영일, 김규영, 김현우, 현임종, 강태석, 김영희 씨 등 9명의 창립 대원으로 출발했는데, 역대 대장으로는 김종철, 안흥찬, 김승택, 김태열, 양하선, 고길홍, 박훈규, 장덕상 씨 등이 있고 현재는 강경호 씨가 대장을 맡고 있다.

1975년부터는 일반인과 경찰 소방대원들의 산악 구조 훈련에 강사를 파견하고 있고, 현재는 30여 명의 대원들이 산악 조난 사고 발생시 즉시 현장에 투입, 구조 활동에 나설 수 있는 체계를 갖추고 있다.

제주적십자산악안전대 대원들

물장올

설화에 등장하는 제주도에서 가장 물이 깊은 곳은 어디일까? 이에 앞서 제주도 설화에서 한라산과 제주도를 만들어낸 여신이라고 전하는 설문대할망에 대해 알아보자. 설화에서는 설문대할망이 얼마나 몸집이 크고 힘이 셌던지 치마로 흙을 날라 한라산을 만들었고, 치마의 찢어진 구멍으로 떨어진 한 움큼씩의 흙이 오늘날 오름이 되었다고 한다.

그런데 하루는 이 설문대할망이 호기심이 발동해서 제주도에서 가장 깊은 물이 어디인지 확인해보게 되었다. 제주시 용연(龍淵)의 깊이가 깊다 하기에 들어가보니 발등까지밖에 안 차 실망한 할머니는 마침내 제일 깊은 곳이라는 물장올에 들어섰다가 그만 빠져 죽었다고 전한다. 얼마나 깊었으면 한라산을 만들어낸 거인이 죽었을까. 이에 대해 옛 선인들은 물장올의 물은 '창 터진 물'이라 하여 바닥 끝이 없다고 표현했다. 밑바닥이 없기 때문에 아무리 큰 거인도 빠져 죽는다는 것이다.

물장오리라고도 불리는 물장올은 한라산에서 백록담, 영실기암 등과 더불어 예부터 3대 성산(聖山) 중의 하나로 알려져왔다. 그만큼 신비의 대상으로 삼았다는 이야기다. 가뭄이 들면 이곳에서 기우제를 지내기도 했다니 얼마나 신성하게 여겼는지 짐작이 간다. 간혹 백록담은 가물어 바닥을 드러내는 경우가 있지만 이곳은 항시 물이 넘실거린다. 예전에는 제주컨트리클럽에서 이곳의 물을 파이프로 끌어다 사용했을 정도로 그 수량을 자랑했다. 지금은 수초가 많이 우거져 예전의 신비감은 많이 사라졌지만, 제주도의 산정화구호 중 가장 대표적인 곳을 고르라면 제주 사람들은 서슴없이 물장올을 이야기한다.

손인석 박사는 "물장올은 오름을 형성하고 있는 용암류가 멀리까지 흐르지 않고 주변의 기반만을 형성한 결과 기반이 두터워져 분화구 안에 물이 고이게 되었다"고 화구호 형성 원인을 설명하였다. 지금은 자연보호 차원에서 출입을 통제해 시민들에게 아쉬움을 준다. 5·16도로변의 개오리오름 제주조랑말방목장에서 남쪽으로 보면 바로 앞의 성진이오름 너머로 물장올이 있다.

산악인들에 따르면 1960년대에는 물장올을 출발하여 돌오름과 흙붉은오름을 거쳐 백록담 동릉에 이르는 코스를 등산로로 이용했다고 한다. 1950년대 후반부터 한라산 등반에 나서 40여 년을 한라산과 더불어 살아온 원로 산악인 안흥찬 씨는 물장올을 출발하여 태역장올과 어후오름 사이를 거쳐 성널오름, 사라오름 정상으로 이어지는 등산로가 있었는데, 1960년대의 산악인들만이 이용했던 코스라고 말한다. 이 지역에 속밭이라 불리는 곳이 있는데, 지금은 서어나무 등이 밀림을 이루고 있지만 예전에는 진달래와 철쭉, 제주조릿대 등이 무성한 초원 지대였다고 한다.

물장올은 한라산 백록담 북쪽에 위치한 장구목이나 왕관릉에서 보아야 제격이다. 비슷한 크기의 오름들인 물장올과 태역장올, 쌀손장올, 불칸디오름 등이 오밀조밀하게 밀집돼 있는 모습이 형제들이 나란히 서 있는 것처럼 정겹게만 느껴진다. 이 네 오름을 통칭하여 장오리 또는 장올악(長兀岳)이라 부르기도 한다. 제주 출신으로 비교민족학을 연구했던 김인호 박사는 몽골족의 언어 중에 '올'은 산을 의미하는 뜻으로 쓰인다고 소개했다. 또 오름나그네 김종철 선생은 장오리의 뜻을 '나란히 서 있는 오름'이라고 해석했다. 결국 장오리는 오름의 특성을 살려 이름을 만든 것이다. 마찬가지로 산정에 물이 있다 하여 물장올, 태역(잔디)이 많다 하여 태역장올, 고을나·양을나·부을나 삼신인이 화살을 쏘았던 곳이라 하여 쌀손장올 등으로 불린다.

사라오름

앞서도 말했지만 2002년까지는 한라산 백록담 등반이 겨울철에만 한시적으로 허용되

물장올 제주도에서 가장 대표적인 산정화구호인 물장올은 최근 들어 수초가 많이 우거져 예전과는 모습이 많이 달라졌다.

었다. 한라산 등산 코스는 어리목과 영실, 성판악과 관음사, 어승생악 코스 등 5개가 있는데 모두 개방된 것이 아니라 성판악과 관음사 코스로만 백록담 정상에 오를 수 있다.

정상 개방 이후 가장 관심을 끈 코스는 역시 성판악 코스다. 거리상으로는 9.6km로 가장 길지만 오르는 데 5시간 이상 소요되는 관음사 코스보다는 빨리 오를 수 있기 때문에 대부분의 등산객들이 성판악 코스로 몰린다. 성판악 등산로를 따라 2시간 가량 오르면 무인대피소인 사라악대피소가 나온다. 조금 더 가면 왼쪽에 야트막한 오름이 나오는데 이 오름이 사라오름이다.

사라오름은 등산로에서 10여 분 만에 오를 수 있는 곳이어서 그리 높지 않게 느껴진다. 사라오름은 해발 1,324.7m로, 백록담 동쪽에서는 가장 높은 오름이며 백록담에서 보면 바로 눈앞에 있는 오름이다. 사라오름의 면적은 5,000m²에 달하는데, 이 높은 곳에 산정화구호를 갖는 오름이 있다는 게 한라산의 또 다른 매력이다. 사라오름은 현재 출입이 금지된 상태이다.

오름 정상에는 너무 크지도 않고, 그렇다고 작지도 않은 알맞은 크기의 산정화구호가 있다. 화구의 외륜이 200m, 담수호가 직경 80∼100m 정도밖에 안된다. 하지만 화구 너머 백록담 동릉이 펼쳐지며 그 넓은 백록담을 물속에 담아내고 있으니 작다고 할 수도 없다. 주변에 있는 흙붉은오름도 투영돼 또 다른 모습으로 다가온다.

사라오름의 정상은 5m 내외의 붉은 화산탄층이 노출돼 있는데 장석반정이 많은 현무암질 용암으로 이루어져 있음을 한눈에 알 수 있다. 산정에 올라서면 화구호와 함께 눈길을 끄는 것이 남동쪽 사면의 무덤들이다. 무덤 3기가 나란히 있고 주변에도 듬성 듬성 보이는데 예부터 이곳은 제주도 6대 명혈 중 첫째로 꼽히는 명당자리였다고 한다. 후손들이 발복을 기원하며 이 높은 곳까지 와서 무덤을 조성했다는 것 자체가 대단한 정성이라 여겨진다.

사라오름의 남동쪽 외륜은 멀리 5·16도로에서도 확연히 눈에 띈다. 1988년 11월 산불이 발생하여 물참나무 등 수천 그루의 나무가 탔다. 15년이 지났지만 시커멓게 숯이 된 나무는 아직까지 그 앙상한 밑둥을 보여주고 있고 제주조릿대만이 빽빽하게 그 자

사라오름　백록담 동쪽에서 볼 수 있는 오름으로서, 정상부에 물을 가득 담은 호수가 있다.

리를 차지하고 있다. 나무가 없기 때문에 멀리서도 알아볼 수 있는데 자연의 재앙이 얼마나 오래도록 그 흔적을 남기는가를 생각하게 한다.

오름의 동북쪽에 위치한 계곡 해발 1,283m에서 생수가 나오는데, 사라악약수라 불리는 물의 근원이 되는 곳이다. 1999년 제주발전연구원이 조사한 한라산 고지대 수자원 현황을 보면 강수량에 따라 변화가 심하지만 이곳에서는 하루 평균 50만 리터의 물이 용출한다고 보고되어 있다.

사라오름은 수악계곡을 거쳐 남원읍 신례리로 흐르는 신례천의 발원지이기도 하다. 신례천은 사라오름을 비롯하여 성널오름의 남쪽 사면, 백록담 동릉의 구상나무숲 지대에서 발원한 물이 보리악에서 만나 하류에서는 커다란 하천이 되고 있다. 백록담 동릉에서 동쪽을 바라보면 물이 가득 찬 사라오름의 모습을 내려다볼 수 있다.

방애오름

지금은 출입이 통제돼 현실적으로 불가능하지만 예전에는 백록담에 오르면 모두들 제주도를 한 바퀴 도는 것이라며 당연하게 백록담을 한 바퀴 둘러보곤 했었다. 동릉에서

사라오름 산정화구호 겨울철 잔설이 남아 있는 사라오름 산정화구호이다. 호수 너머로 흙붉은오름이 보인다.

보는 일출봉을 시작으로 남벽에서 서귀포시와 주변 섬들을, 서쪽 정상에서는 모슬포와 가파도, 마라도를 둘러본 후 북벽에서 제주시와 그 너머의 추자도, 더 나아가 전라도의 섬들을 보면 어느덧 제주도 한 바퀴를 돌아보는 것과 같다고들 했다.

백록담에 올라 제주도 땅을 내려다보면 제일 먼저 눈에 들어오는 것이 수많은 오름들이다. 특히 동쪽과 서쪽으로 수많은 오름 군락이 오밀조밀하게 늘어서 있어 모습이 장관을 이룬다. 이렇게 수많은 오름들 중 백록담과 가장 가까이에 위치한 오름이 남쪽에 위치한 방애오름이다.

방애오름은 비록 백록담과 가장 가까이에 있지만 그렇다고 제주도의 오름 중에서 해발고도가 가장 높지는 않다. 해발고도가 제일 높은 오름은 백록담 북서쪽에 위치한 장구목으로 해발 1,813m이고, 웃방애오름이 해발 1,747.9m, 웃세붉은오름이 해발 1,740m 순으로 이어진다.

방애오름이란 오름의 모양이 방애와 같다고 하여 붙여진 이름이다. 제주도청에서 펴낸 『제주어사전』에 따르면 방애란 방에, 방이 등으로도 불리는데, 절구와 연자매를 통틀어 일컫는 말이다. 즉 방아를 가리키는 말이다. 방애오름이라는 이름을 가진 오름들은 이곳 외에 조천읍 교래리와 애월읍 고내리에도 있는데 모두가 방아처럼 생겼다. 한라산 백록담에 올라 방애오름을 살펴보면 왜 방애오름이라 불리게 되었는지를 알 수 있다. 방애오름이라 불리는 중봉 정상부는 정말 방아처럼 생겼다고 해서 붙여진 이름이다. 원형 경기장을 연상케 만드는 모습이 영락없는 남방애(나무를 다듬어 만든 방아)와 똑같다.

방애오름은 백록담 남벽 바로 밑에 봉긋하게 솟아 있는 웃방애오름과 방애오름(중봉, 해발 1,699.3m), 알방애오름(해발 1,584.8m)을 통틀어 부르는 이름이다. 방애오름이라 불리는 중봉을 기준으로 하여 위와 아래에 위치한다 하여 웃방애, 알방애라 구분하여 부른다.

웃방애오름은 많은 바위들로 이루어져 있는데, 지질학자들은 이 바위들을 조면 안산암이라 하며 지질 구조상 백록담 조면암의 분출 활동과 연계된 분화의 산물이라고 말한다. 제주도의 화산 활동과 관련하여 살펴볼 때 마지막 단계인 약 2만 5,000년 전에 분출한 용암이라는 것이다. 나이로 보면 가장 최근에 생긴 젊은 나이의 바위들인 것이다.

방애오름 동쪽의 넓은 자락, 즉 남벽에서 내려다보이는 움푹 들어간 지역을 움텅밭이라 하고, 방애오름 서쪽으로부터 영실에 이르는 넓은 고산 초원을 선작지왓 또는 생작지왓이라 부른다.

방애오름은 한라산 남쪽 최대의 하천인 산벌른내의 형성에 직접적으로 관계된다. 방애오름을 좌우 경계로 하여 한라산 남쪽에서 제일 큰 하천인 효돈천의 상류인 산벌른내가 만들어지고 있기 때문이다. 방애오름 동쪽의 하천은 백록담 남벽의 절벽에서 발원하여 서귀포의 미악산으로 향하는데 동산벌른내라 한다. 서쪽의 하천은 백록담 서북벽에서부터 서쪽 외륜에 이르는 구간의 물이 방애오름 주변에서 합쳐진 후 서산벌른내로 흐르는데, 돈내코의 상류인 쌀오름(미악산) 북쪽에서 동산벌른내와 하나가 된다.

산벌른내는 산을 갈라놓았다는 의미인 '산을 벌려버린 내〔川〕'라는 제주도식 표현이다. 그만큼 내〔川〕가 깊다는 뜻이다. 제주도에서 산벌른내의 의미를 담고 있는 하천은 이곳 효돈천과 한라산 북쪽의 한천을 이루는 탐라계곡, 남서쪽의 도순천 등이 있다.

방애오름 백록담 남쪽 정상에서 보는 방애오름은 평평한 원형 경기장을 연상케 한다.

알방애오름 남서쪽에 형성된 산벌른내의 깊은 절벽은 대략 100m에 달하는데 0.5~ 1m 단위의 얇은 용암단위(laba unit : 용암이 한 번씩 분출하여 흐를 때마다 만들어지는 암석이 쌓인 단위)가 수십 차례에 걸쳐 차곡차곡 쌓여 이루어진 모습이 시루떡을 연상시킨다. 예전에 이곳을 탐사했던 강순석 박사는 이곳의 100m 절벽에서 눈으로 관찰할 수 있는 용암단위만도 대략 46회에 달한다며 현무암질 용암의 연속적인 분출 과정을 공부하는 데는 제주도에서 이곳보다 좋은 곳은 없다고 했다.

지금은 폐쇄돼 출입이 통제된 곳이지만 불과 몇 년 전만 하더라도 돈내코 코스와 남성대 코스, 그리고 웃세오름으로 이어진 남벽 코스가 이곳을 통과하게 돼 있었다. 웃세오름으로 이어진 남벽 코스는 방애오름과 웃방애오름 사이를 통과했다. 웃방애오름과 등산로가 만나는 지점에 있던 방애샘은 땀에 지친 등산객들에게 목을 축이던 감로수 역할을 톡톡히 하기도 했다. 그러던 어느 날 대리석으로 샘을 정비했던 모 사회봉사단체에서 자신들의 표지석을 거창하게 만들어 꼴불견이 된 적이 있었다. 결국 비난 여론이 이어져 관리사무소에서 철거하긴 했지만 씁쓸한 마음을 금할 수 없는 대목이다.

1986년의 백록담 남벽 코스 개설 또한 많은 문제점을 보여주었던 사례로 잘못된 생태계 관리가 얼마나 큰 손실을 가져오는지 느끼게 만든다. 백록담 서북벽 코스의 훼손이 문제가 되자 서북벽을 폐쇄하고 그 대안으로 남벽 코스를 개설하게 된다. 그러나 철저한 검증 작업 없이 남벽 코스를 무조건 개설하는 바람에 백록담 남벽마저 돌이킬 수 없게 훼손되어 개설한 지 8년 만에 폐쇄되는 악순환이 반복됐다.

어찌 보면 우리는 한라산을 보호해야 할 '어머니의 산'이라고 쉴새없이 떠들면서도 정작 한라산에 대해서는 너무나도 모른다는 사실을 보여주는 대표적인 사례라 할 수 있다.

선작지왓

봄날 한라산은 온통 분홍색 옷으로 치장한다. 4월이 되면 털진달래가 잎새보다도 먼저 꽃망울을 터뜨린다. 서서히 털진달래가 자취를 감춰갈 무렵 산철쭉이 그 자리를 대신한다. 한라산에서의 봄꽃 산행의 중심에 선작지왓이 있다. 선작지왓은 서쪽의 영실기암 능선으로부터 북쪽의 웃세오름 능선과 만세동산을 돌아 동쪽의 백록담 남벽에서 방애오름 능선에 이르는 1,600∼1,700고지의 광활한 지역이다. 서귀포가 내려다보이는 남쪽은 삼림 지대로 구분돼 있다.

제주도에서 '작지'는 조금 작은 돌을, '왓'은 밭 또는 들판을 의미한다. 말 그대로 돌들이 널려 있는 벌판을 뜻한다. 수십만 평에 이르는 벌판인 선작지왓은 우리나라 최고의 고산 초원이다. 아니 엄밀한 의미에서 본다면 우리나라 유일의 고산 초원이라 할 수 있다. 이곳에 서면 서귀포 앞 바다의 범섬과 섶섬, 문섬이 한눈에 들어온다.

많은 학자들은 선작지왓을 비롯한 고산 초원이 한라산의 가장 큰 특징이라 말한다. 영실 코스로 한라산을 오르다가 1,600고지부터 시작되는 구상나무숲 속을 20여 분 오르면 모처럼 파란 하늘과 백록담이 한눈에 펼쳐지는 평평한 평지를 만나게 되는데 이곳이 선작지왓이다. 해발고도로는 1,660∼1,670m 가량 되는데 선작지왓의 서쪽 경계에 해당한다.

한라산의 고산 초원은 우리나라 식물 연구에서도 매우 중요한 의미를 가지는데, 고산 초원의 대부분의 식물들이 한라산 또는 우리나라에서만 자라는 특산 식물이기 때문이다. 고산 식물은 북방계 식물이라고 할 수 있으며, 한라산의 고산 초원에서 자라는 식물로는 눈향나무, 제주달구지풀, 흰땃딸기, 두메대극, 산진달래, 들쭉나무, 설앵초, 암매, 시로미, 흰그늘용담, 금방망이, 산솜방망이, 한라꽃창포, 손바닥난초 등 수없이 많다.

선작지왓을 옆에 끼고 영실 등산로의 마지막 지점에 바로 노루샘(해발 1,680m)이 있다. 땀 흘리며 한라산을 오른 등산객들에게는 오아시스와 같은 곳이다. 더불어 이 물은 선작지왓으로 흘러들어 군데군데 물웅덩이를 형성하며 이곳에 터를 잡고 살아가는 노루를 비롯한 모든 생물들에게 생명수와 같은 역할을 한다. 아니 이곳에 사는 동식물뿐만이 아니다. 제주도의 생명수인 지하수가 이곳에서부터 시작되었다고 할 수도 있다.

선작지왓 바위 무더기인 탑궤와 드넓은 고산 초원 지대가 백록담까지 펼쳐져 있다.

강정천의 맑은 물도 이곳에서 땅 속으로 스며든 물이 저지대에서 발원한 것이라 말하기도 한다.

최근 한라산의 환경 문제와 관련하여 많은 논란을 빚으며 가장 주목받고 있는 곳을 꼽으라면 백록담과 이곳 선작지왓을 꼽을 수 있다. 전국적으로 논쟁의 대상이 되고 있는 한라산 케이블카를 설치할 곳으로 선작지왓이 물망에 올랐기 때문이다. 현재 제주도는 한라산 영실기암과 선작지왓을 지나 웃세오름에 이르는 3.6km 구간에 케이블카를 설치하겠다고 환경부에 신청을 해놓았다. 이미 제주도는 7억 원이라는 많은 돈을 들여 타당성 조사와 케이블카 설치 용역을 마친 상태이며, 환경부의 결정만을 기다리고 있다.

물론 한라산에 케이블카를 설치하는 이유는 더 이상의 훼손을 방지하고 산을 보호하자는 취지에서다. 하지만 환경단체를 비롯한 케이블카 반대론자들도 역시 한라산을 보호한다는 이유로 반대 운동을 전개하고 있다.

우리는 너나없이 자연은 후손들에게 물려줄 소중한 유산이라고 말하며, 한번 훼손된 자연을 예전의 모습으로 되돌리기 위해서는 그 몇 배의 노력이 필요하다는 것을 알고 있다. 어쩌면 훼손된 자연은 영영 복구가 불가능할지도 모른다. 케이블카 설치 문제는 신중하게 처리해야 한다.

한라산 산 그림자

이른 아침, 백록담 너머로 떠오르는 해돋이를 보면 평소에 맛보기 어려운 신비감을 느끼게 된다. 그것은 가슴 벅찬 황홀경이며 산과 바다와 하늘과 태양이 하나로 어우러지는 우주의 어떤 조화, 그 자체라 하여도 모자람이 없다.

한라산의 일출은 역시 백록담 동릉에서 보는 것이 제격이다. 하지만 해뜨는 시간에 백록담까지 오를 수 없다면 웃세오름의 중봉인 웃세누운오름이나 웃세족은오름 또는 만세동산에서 일출을 볼 것을 권한다. 백록담의 남쪽 끝에서부터 시퍼런 기운이 솟으면서 붉은 기운을 토해낸 후 이글거리며 태양이 떠오른다. 이 장관을 보면 1시간 이상 걸어서 올라온 피곤도 순식간에 가신다.

하지만 밝음만 좇는 사람들은 그 이면에 숨겨져 있는 한라산의 참맛을 보지 못한다. 해가 떠오른 직후 서쪽으로 돌아보아야만 밝음으로 하여 나타나는 한라산의 진면목을 볼 수가 있는데, 바로 서쪽으로 드리워지는 한라산의 그림자다. 남한 최고봉인 한라산의 높이를 느끼기에 충분한 커다란 그림자가 아침 안개 속에 잠들어 있는 오름들을 지나 멀리 비양도 너머까지 길게 드리워지는 모습은 한라산의 크기를 다시금 생각하게 만든다.

제주도는 최고봉인 한라산을 중심으로 북북동—서남서 70° 방향으로 이어진 장축 73km와 이에 수직인 방향으로 단축 31km를 가지는 타원의 화산섬이다. 백록담을 정

붉게 물든 한라산 해질 무렵 웃세오름 너머로 붉은 석양이 하늘을 뒤덮었다.

점으로 하여 동서 사면은 매우 완만한 경사(3~5°)를 이루고 있으나 남북 사면에서는 좀더 급한 경사(5° 내외)를 이루는 순상화산(용암이 화구에서 넘쳐나온 후 멀리까지 흘러 평탄해진 화산으로, 사면의 경사가 5~8°로 완만함)의 지형을 보인다.

이러한 제주도의 모습을 그대로 담아낸 그림자가 있다는 사실을 사람들은 별로 인식하지 못한다. 빛이 있으면 어둠이 있듯이 그림자가 있는 게 당연한데도 볼 기회가 없기에 느끼지 못하는 것이다. 사진으로 보는 한라산의 그림자는 한라산의 완만한 경사면과 가운데 돔 형으로 우뚝 솟은 백록담의 모습 등 산 자체의 지형을 그대로 보여준다. 10월에 보는 그림자는 비양도 위에 그 모습을 드리우지만 한여름에는 한경면 고산리의 수월봉 너머로 그 위치가 이동한다.

정호승 시인의 「수선화」에서 "산 그림자도 외로워서 / 하루에 한번씩 / 마을로 내려온다"고 표현한 시구가 생각나는 대목이다.

한라산의 만세동산이나 웃세오름에서 보면 여름철에는 백록담 북쪽인 장구목 위로 해가 떠오르고, 겨울철에는 반대로 남쪽인 방애오름 위로 해가 떠오르는 모습을 볼 수 있다. 아침에 일출 광경을 보기 위해 기다리다보면 새벽에 해가 떠오르기 전에 동쪽 하늘이 유난히 밝게 보이는 현상을 접하게 되는데, 이를 가짜 새벽빛이라 한다. 이는 우리 태양계의 행성 사이사이에 흩어져 있는 먼지가 태양빛을 반사하여 나타나는 현상이다. 3~4월에는 해가 진 후에, 9~11월에는 새벽에 이러한 현상을 볼 수 있다.

이어 태양이 떠오른 후 반대편에 산 그림자가 나타나는데 그 시간이 불과 5분 이내다. 따라서 관심을 갖고 보지 않으면 제대로 볼 수가 없다. 한라산의 태양은 순식간에 자신의 뒷모습마저 감추어버린다고 표현해야 할 정도로 그림자는 순식간에 사라진다.

대부분의 산에서 산 그림자라 하면 석양 무렵 호수의 물 위에 투영되는 산의 모습을 떠올리는 데 반해 한라산에서는 진정한 의미의 그림자를 볼 수 있다. 물론 한라산이 물 위에 투영되는 모습도 성산포 앞의 호수나 시흥리, 구좌읍 하도, 종달리, 애월읍 수산 유원지, 한경면 용수저수지 등에서 관찰이 가능하다. 하지만 물에 투영되는 한라산의 모습은 도무지 1,950m라는 느낌이 들지 않는 완만한 산이다.

백록담에서 비양도까지는 직선 거리로 15km가 넘는다. 그 너머의 바다 위에 한라산의 그림자가 드리워진다면 최소 20km 이상 길게 늘어져 있다는 이야기다. 그림자가 드리워진 거리만 봐도 한라산이 높은 산임을 충분히 느낄 수 있다.

어쩌면 한라산이 그 뒷모습을 보여주는 것은 앞만 보고 바쁘게 달려가는 현대인들에게 가끔은 뒤도 돌아다보는 여유를 가지라는 의미를 담고 있는지도 모를 일이다.

물이 귀한 골짜기

한라산의 골짜기

인류의 문명은 물을 중심으로 시작하여 발전을 거듭해왔다. 세계 4대 문명이 강줄기에서 태동한 것은 결코 우연이 아니다. 제주의 문화 또한 물과 불가분의 관계를 갖는데, 강이 없는 제주 사람들은 샘을 중심으로 마을을 형성하고 그 주변에서 삶을 영위해왔다. 제주도에는 강이 없다. 그만큼 물이 귀할 수밖에 없다. 오늘날에는 제주의 지하수인 '삼다수'가 최고의 먹는 샘물로 인정받으며 물 시장을 석권하고 있지만, 불과 30여 년 전만 해도 제주에서는 샘에서 나오는 물을 식수로 사용했었다. 표선면 성읍리에서는 '촘항'이라 하여 비가 내릴 때 나무에서 흘러내리는 물을 모아 식수로 사용하기도 했다.

　제주에 강은 없지만 수많은 하천이 그 자리를 대신하고 있다. 산이 높으면 당연히 골도 깊게 마련인데 한라산에 오르다보면 좌우로 수많은 계곡들이 보인다. 평상시에는 바닥을 드러낸 골짜기에 불과하지만 비가 내릴 때면 이곳에서 모여진 물이 거대한 물줄기를 이루며 하천을 통해 바다로 흘러간다. 제주도의 중심이라 할 수 있는 백록담을 정점으로 하여 60여 개의 하천이 사방으로 뻗어 내리고 있는데 한라산국립공원 구역에서 시작되는 하천만도 20여 개에 달한다.

한라산의 계곡들은 과거에 문명을 잉태케 했을 뿐만 아니라 오늘날에 와서는 온갖 식물들이 자라고 수많은 곤충과 새들이 살아가는 생태계의 피난처 구실을 하고 있다. 계곡에 대한 학술 조사를 해보면 이미 이 땅에서 사라진 것으로 간주됐던 식물들이 계곡의 한 모퉁이에서 끈질기게 살아 있는 모습을 종종 보게 된다. 또한 계곡의 양쪽 사면 벼랑에는 갖가지 낙엽활엽수림과 난대림 등이 군락을 이루며 장관을 연출하고 있다. 현재 천연기념물로 지정, 보호되고 있는 제주도의 난대림 지대 대부분이 천제연, 천지연(연외천), 안덕계곡, 돈내코, 수악계곡 등 골짜기에 자리하고 있다.

제주도의 하천은 주로 용암대지 위에 흐르고 있기 때문에 U자곡을 이루는데, 동굴의 파괴나 수직 절리 혹은 용암 흐름의 시기 차이에 의해 형성됐다고 한다.

하천은 한라산 백록담을 정점으로 방사상으로 분포해 있다. 동서 사면은 남북 사면에 비하여 경사가 완만하고 길며, 넓은 대지가 발달했기 때문에 그만큼 하천의 발달이 미약하다. 따라서 많은 하천들이 서귀포와 제주시 등의 남북으로 흐르고 또 골짜기도 깊다. 특히 남북 사면의 하천들은 직선적이고 V자형 계곡을 형성하는데, 발원지에서부터 해안까지 하각 작용(강물이 하상을 깊게 깎는 작용)이 매우 활발하여 유년기 지형(하곡이 깊어지고 확장됨에 따라 점점 좁아지며 곳곳에 폭포나 급류가 나타남)의 특색을 잘 보여주고 있다.

특히 서귀포 방면으로 향하는 남쪽 사면의 하천들은 백록담에서의 거리가 짧은 관계로, 하류에서는 깊이가 30~40m 되는 계곡을 형성하고 있는 데 반해 북쪽인 제주시 쪽

Y계곡의 남어리목골 여름날 Y계곡에 들어서면 바위 틈으로 시원한 물줄기가 흐르는 모습을 볼 수 있다.

탐라계곡 삼단폭포 용진굴에서 시작된 물줄기가 중류의 거대한 절벽에서 폭포수를 이루며 장관을 연출한다.

하천들은 하류에서 하폭이 20~30m에 달하나 계곡의 깊이는 3~5m에 불과하다. 또한 남쪽 사면의 하천들 중 천지연, 천제연, 안덕계곡 등에는 여러 군데의 경사급변점(경사변환점, 하천에서 절벽을 이루는 곳)이 나타나고 조면암의 주상 절리와 폭포가 발달해 일대 장관을 이룬다. 이러한 이유에 대해 학자들은 북쪽에 비해 남쪽 사면이 융기가 크고 강수량도 많아 활발한 하각 작용이 이루어지기 때문이라고 풀이한다. 또한 남쪽 사면의 하상(하천의 바닥)은 조면암 또는 조면암질 현무암이 주류를 이루고 있는 것도 주요한 특징 중의 하나다.

한라산의 대표적인 하천으로 북쪽에는 한천, 외도천, 병문천 등이 있고, 남쪽으로는 신례천, 연외천, 도순천, 동쪽으로는 천미천, 수악계곡, 서중천, 서쪽으로는 안덕계곡 등이 있다.

한천

제주시에서 한라산을 바라보면 산의 한가운데로 두 개의 커다란 골짜기가 형성돼 있는 모습이 보인다. 탐라계곡이라 불리는 곳으로 산북 제일의 하천인 한천의 상류에 해당하는 곳이다. 동쪽에 있는 계곡을 동탐라계곡이라 하고 서쪽은 서탐라계곡이라 부른다. 옛 사람들은 이 골짜기가 얼마나 크게 보였는지 이곳에서 흘러내린 하천을 대천(大川)이라 불렀는데, 훗날 한천으로 바꾸어 부르게 되었다.

한천은 한라산 정상에서 발원하여 제주시 용연에 이르는 긴 하천이다. 한천에 대해서 조선시대 이원진 목사는 『탐라지』에 "한내〔大川〕는 주성 서쪽 2리경에 있다. 하류가 흘러가 끝나는 곳이 한두기(대옹포)이다. 한내의 아래쪽은 용수라 하는데 깊어서 밑이 없고 길이는 백 보 정도 된다. 가물 때 이곳에서 기우제를 지내면 효험이 있었다"라고 기록하였다.

동탐라계곡과 서탐라계곡은 개미등과 개미목을 사이에 두고 한라산의 북쪽 사면을 나누는 형상이다. 결국 관음사 등산로는 동탐라계곡과 서탐라계곡을 사이에 두고 오르는 코스인데, 관음사 인근 산록도로변에서 보면 볼록하게 튀어나온 지형이 확연하게 보인다. 동·서탐라계곡 사이의 능선을 옛 사람들은 개미에 비유했는데 탐라계곡을 지나 소나무와 섞인 밋밋한 능선을 개미등이라 불렀고, 더 올라가 삼각봉 직전 좌우로 동·서탐라계곡 폭이 좁아진 곳을 개미목이라 불렀다.

관음사 코스로 산행에 나서 삼각

용진굴의 폭포수 용진각대피소에서 계곡을 따라 약간만 내려가면 이끼 낀 바위 사이로 시원스레 펼쳐지는 물줄기를 만날 수 있다.

탐라계곡 헬기에서 본 탐라계곡은 정상인 백록담까지 이어져 있다. 계곡 오른쪽에는 등산로가, 왼쪽에는 왕관릉이 보인다.

봉을 왼쪽으로 돌아가면 동탐라계곡으로 내려가는 사면이 나타나는데 이곳을 따로 용진굴이라 부른다. 지금은 이곳에 있는 대피소 이름을 따서 용진각이라 더 많이 불리지만, 이 골짜기를 가리키는 정확한 이름은 용진굴이다. 제주에서는 골짜기를 가리켜 '굴'이라 하였다. '골'이라 하면 대부분 고을을 의미하고, 굴 또는 동굴은 '궤'로 구분했는데 용진굴이라 하면 용진 골짜기라는 의미를 담고 있다.

용진굴은 개미목을 넘어온 용이 자리잡은 곳이라 하여 붙여진 이름이다. 탐라계곡, 즉 한천의 하류는 용연이라 부른다. 바다의 용이 용연과 용진굴을 거쳐 백록담으로 통하는 길로 다녔다고 전해지기 때문이다. 용연은 예부터 용궁의 사자들이 백록담으로 통하는 길로 다녔다는 전설이 전해지며, 옛 사람들은 한천을 용이 다니던 길이라고 여겼다.

계곡으로 내려서면 콸콸 흐르는 물소리가 먼저 등반객을 반기는데, 용진각물이다. 동탐라계곡은 백록담의 북벽에서 시작된다. 자그마한 물길 3개가 용진각대피소 부근에서 용진각물과 합쳐져 하류로 향하는데 도중에 용진굴물 등이 더해진다. 이 중 용진굴물이 가장 많은 수량을 자랑하는데, 1999년 제주도수자원개발사업소에서 조사한 바에 따르면 용진굴물은 하루 용출량이 4,000톤, 용진각물은 360톤에 이르는 것으로 밝혀졌다.

용진각대피소가 위치한 이곳은 동서남 3면이 수직 절벽으로 치솟아 있고 북쪽은 탐라계곡이라는 깊은 계곡이 자리한다. 동쪽에는 왕관릉이, 서쪽에는 장구목이, 남쪽에는 한라산 북벽이 있다. 이곳에서 하류로 향하면 탐라계곡 삼단폭포 등 비경이 계속되다가 관음사 등산로의 해발 850m 부근에서 큰드레왓과 장구목에서 시작된 서탐라계곡과 합쳐진 후 방선문을 거쳐 용연에 이른다.

도내 하천 중 최대의 경관지인 방선문에서는 다시 아흔아홉골에서 비롯된 하천과 합쳐진다. 봄날 방선문 주변에 진달래와 철쭉 등이 핀 모습을 옛 사람들은 영주십경의 하나인 영구춘화라 하여 그 아름다움을 노래하였다. 선경으로 오르는 문이라 하여 방선문(訪仙門) 또는 등영구(登瀛邱)라 불리는 들렁귀에는 조선시대 제주목사와 시인들이

방선문의 명문들　들렁귀라고도 불리는 방선문은 예전부터 시인들이 즐겨 찾아 시를 읊었던 곳이다.

남긴 명문이 예전의 영화(榮華)를 대변하는 듯 바위에 새겨져 있다. 지금도 남아 . 방선문은 도도한 선비인 배비장을 유혹했던 애랑이라는 기생의 이야기를 통해 선비들의 위선을 질타하는 『배비장전』의 무대이기도 하다. 지금도 봄날이면 사람들이 경치를 감상하기 위해 즐겨 찾는다.

계속해서 내린 한천은 마침내 바다에 닿기 전 또 한 번의 비경을 선보이는데, 그곳이 바로 용연이다. 용연은 용담(龍潭), 용소(龍沼), 용추(龍湫), 취병담(翠屛潭) 등으로도 불린다. 조선시대에는 이곳에서 달밤에 배를 띄우고 그 위에서 풍류를 즐겼다. 이곳은 물이 깊고 좌우가 석벽으로 둘러쳐져 있어 사람이 통과할 수가 없다.

예부터 이 석벽과 그 위의 푸른 나무숲이 물 위에 비추는 모습을 가리켜 취병담이라 불렀다. 마을 사람들에 따라서는 아랫쪽을 용수, 그 윗쪽을 안수라 부르기도 하는데 실내 수영장이 없던 시절에 수영 선수들이 이곳에서 연습을 했다는 말도 있다. 이곳에 구름다리가 있을 때만 하더라도 여름이면 주변 마을 어린이들이 구름다리 위에서 다이빙하는 모습을 흔하게 볼 수 있었다.

한라산의 지질 구조를 이야기할 때 구성 암석은 용암 분출에 의한 화산암과 화산 폭발에 의한 화산 쇄설물로 나누어 설명하는데, 성격이 다른 이 두 암석이 나누어지는 단층은 백록담에서 관찰이 가능하고, 이어 그 연장선상에 탐라계곡이 있는 것으로 학계에서는 보고 있다. 또한 탐라계곡은 지질학에서 침식량의 특성 및 경사의 크기를 나타내는 용어인 기복량(1km 정방향 범위의 최고점과 최저점의 고도차를 측정)에서 300m 이상의 수치를 보여 제주도의 하천 가운데 가장 경사가 심한 하천의 하나로 꼽힌다.

외도천

어승생 수원지는 동어리목골과 남어리목골, 아흔아홉골의 물줄기가 모여들어 제주도 제일의 상수원을 형성하고 있다. 우리가 흔히 Y계곡이라 이야기하는 어리목골은 동어리목골과 남어리목골이 합수머리에서 합쳐져 어승생악 남쪽을 돌아 서쪽으로 흘러내리는 계곡을 말하는데, 애월 지역 중산간이라 어승생악에서 보면 영락없는 Y자 모양을 하고 있다.

동어리목골은 백록담 북쪽 장구목과 큰드레왓의 물줄기들이 합해진 후 민대가리동산 북쪽과 족은드레왓 사이로 흘러내린다. 남어리목골은 백록담 서북벽에서 발원하여 장구목과 웃세오름 사이를 흘러내리는데 다시 민대가리동산과 만세동산 주변의 물들이 이곳으로 모아진다. 1999년 제주도수자원개발사업소에서 조사한 바에 따르면 Y계곡물은 하루에 2만 2,500m³가 샘솟아 최고를 자랑한다. 그 다음이 천둥약수(7,966m³), 돈내코물(7,333m³)이니 계곡물이 얼마나 많이 샘솟는지는 달리 설명할 필요가 없다.

합수머리에서 하나로 합쳐진 외도천(광령천)은 다시 흘러내려 치도라 불리는 천아오름계곡에서 영실 주변의 불래오름에서 시작된 하천과 합쳐진 후 광령계곡이라 불리는 무수천을 거쳐 월대로 흘러내리게 된다. 한편 외도천 상류인 Y계곡의 물은 어승생 수원지로 모여지는데 이곳과 중류의 천아오름수원, 그리고 하류의 월대정수장은 제주 시민의 식수와 직결되는 매우 중요한 역할을 담당하고 있다.

광령계곡은 울창한 숲과 깎아지른 절벽으로 인해 자신도 모르게 속세의 근심을 잊게 된다고 하여 무수천(無愁川)이라 불린다. 이밖에도 머리가 없다는 의미의 '無首川', 물이 없는 건천이라는 의미의 '無水川', 분기점이 많다는 의미의 '無數川' 등 많은 의미를 담고 있다.

무수천의 비경 외도천의 중류인 무수천(광령계곡)은 주변의 기암 절벽으로 비경을 자랑한다.

하천과 중산간 도로가 맞닿은 광령계곡은 예부터 제주도의 영주십경에 빗대어 광령 팔경이란 명칭으로 그 아름다움이 칭송되었다.

광령팔경은 제일경인 보광천(오해소)을 시작으로 고지대로 올라가면서 제이경 응지 석, 제삼경 용안굴(용눈이굴), 제사경 영구연(들렁귀소), 제오경 청와옥(청제집), 제육경 우선문, 제칠경 장소도, 제팔경 천조안 등이 이어진다. 광령팔경은 아니지만 진달래소 라 하여 하천의 절벽이 50m 정도 떨어지면서 원형 경기장을 연상시킬 정도로 움푹 파 인 경승 또한 볼거리다.

하류인 월대도 옛날부터 시인들이 즐겨 찾아 풍류를 읊던 곳이다. 경승이 처음부터 끝까지 쉼 없이 이어지는 하천이 외도천이다.

도근천

한라산국립공원 관리사무소가 위치한 곳을 어리목광장이라 부른다. 지금은 광장의 동쪽에 연못이 있는데, 예전에는 습지가 형성됐던 곳이다. 이 습지에서 모아진 물이 동북쪽으로 돌아 골머리계곡으로 흐르고 다시 제주도축산진흥원과 월산동의 누운오름을 우회한 후 도평의 하원내와 장수내를 거쳐 외도동의 해안으로 향하게 되는데, 바로 이 하천이 도근천이다.

도근천의 옛 이름을 문헌에서 찾아보면 조공천(朝貢川)으로 표기되어 있다. 예전에 외도포구가 조공포라 불렸는데 이곳으로 흐른다 하여 붙여진 이름임을 쉽게 알 수 있다. 조공포란 조공, 즉 진상품을 실어날랐던 포구라는 뜻이다.

금봉곡이라 불리는 골머리계곡은 천왕사와 석굴암(石窟庵)이 있는 곳으로 서쪽 자락에는 그 유명한 선녀폭포가 조용히 모습을 감추고 있어 더욱 유명하다. 선녀폭포는 한라산 중턱에서 1년 내내 사시사철 폭포수를 이루는 유일한 곳이기도 하다. 주변에 위치한 천왕사에서 이 물을 끌어다 식수로 사용하고 있는데 물맛 또한 일품이다. 비가 내린 후 조그마한 골짜기마다 졸졸 흐르는 물소리가 신선함을 줄 뿐만 아니라 중류인 누운오름 주변에는 이른 봄 동백이 붉은 꽃을 피울 때면 장관을 연출한다. 크고 작은 소(沼)가 볼거리를 제공하는 곳이다.

선녀폭포 겨울철 얼음을 녹이며 쉼 없이 흘러내리는 선녀폭포의 모습이 시원하기 그지없다.

도평동 사라 마을에서는 커다란 바위 하나를 사이에 두고 무수천이 두 개로 나뉘는 기이한 모습을 보게 되는데, 동쪽의 하천은 도근천으로, 서쪽의 하천은 외도천의 월대로 흘러든다. 도근천으로 흐르는 하천은 도평과 외도의 경계 지점에서 소를 이루는데 이 소는 날개 달린 아기장수 설화가 전해지는 '나라소'이다. 어느 날 밀양박씨 집에서 아들이 태어났는데 겨드랑이에 날개가 달린 장사였다. 아들이 나라소에서 날아다니는 연습을 한다는 것을 안 부모들이 몰래 날개를 제거해버렸다. 이후 아들은 평범한 사람이 되었다는 이야기가 전해진다. 세상을 변혁시킬 영웅으로 태어났으나 도중에 그 꿈이 사라진다는 이야기다. 도평동 입구에서 하천이 합쳐진 후 월대 하류에서 외도천과 합류하여 바다로 향한다.

병문천

용암은 표면이나 밑바닥이 먼저 굳는다. 그러나 내부에서는 고온의 액체 용암이 계속 흘러내리는데, 액체 용암의 공급이 중단되면 액체 용암이 빠져나간 자리를 따라 긴 공동(空洞: 아무것도 없이 텅 빈굴)이 생긴다. 이렇게 생긴 것을 용암 터널 또는 용암 동굴이라 한다. 그리고 세월이 흐르면서 이러한 공동의 천장 부분이 무너져내리면 그곳으로 물이 흐르게 되고 그 과정을 통해 하천이 형성된다고 설명한다. 그 대표적인 예가 한라산국립공원 관리사무소 관음사지구안내소와 맞닿아 있는 병문천이고 아직도 그와 같은 진행 과정이 이루어지는 곳이 구린굴이다.

구린굴은 하천의 연결선상에 위치하고 있는데 굴 위에도 여전히 하천이 형성돼 있다. 제주동굴연구소의 손인석 박사는 제주도 하천이 형성되는 형태의 하나를 이 구린굴에서 찾고 있다.

실제로 등산로를 따라 걷다보면 구린굴은 마치 계곡이 끝나는 지점에 위치한 것처럼 보인다. 사실은 동굴 위로 계속 계곡이 이어져 있지만, 사람들에게는 동굴에서 계곡이 시작된 것으로 보이는 것이다.

구린굴은 관음사 등산로에서 30분 가량 걸어 올라가면 나타나는데, 442m인 산 중턱의 동굴치고는 짧지 않다고 할 수 있다. 일제시대에는 한라산 전체를 요새화했던 일본군들의 주둔지이기도 했다.

한라산국립공원 관리사무소 관음사지구 안내소 바로 서쪽에 위치한 병문천의 중류에서 구린굴에 이르는 길지 않은 구간 중 등산로에서만도 수많은 절벽들이 발견된다. 경사급변점이라 불리는 절벽과 함께 폭포 아래 움푹 파인 폭호(爆壺: plunge pool, 폭포 밑의 깊은 웅덩이)가 잘 발달해 있다. 구린굴과 병문천은 동굴이 하천으로 변해가는 과정을 잘 보여준다.

신록 아래의 계곡 구린굴과 같은 절경을 자랑하는 병문천의 중상류 지역은 울창한 산림 속으로 계곡이 끝없이 이어진다.

산벌른내

서귀포에서 한라산을 바라보면 두 개의 골짜기로 인하여 거대한 산이 나누어지는 느낌이 든다. 산을 나누는 두 개의 골짜기가 바로 산벌른내이다. 제주도에서 '벌른다'는 말은 쪼개어 나눈다는 의미이니 이 계곡으로 인하여 산이 동, 서로 나누어진다는 것이다. 장마철 한라산에 비가 많이 내리면 이 계곡으로 물이 흐르는데, 100m가 넘는 절벽에서 떨어지는 물줄기는 서귀포 시내에서도 보일 정도로 장관이다.

산벌른내의 발원지는 한라산 정상인 백록담이며, 세 곳에서 시작된다. 동쪽의 하천은 백록담 남벽의 절벽에서 발원하여 미악산으로 향하는데 이를 동산벌른내라 하고, 서쪽의 하천은 백록담 서북벽과 백록담 서쪽 외륜에서 발원하여 알방애오름 부근에서 합쳐지며, 이를 서산벌른내라 한다. 서산벌른내는 돈내코의 상류인 미악산 북쪽 해발 610m 지점에서 동산벌른내와 하나가 된다.

이렇게 보면 백록담의 외륜을 기준으로 할 때 서북벽에서 남벽에 이르는 구간, 즉 전체의 3분의 1 가량이 효돈천의 발원지가 된다. 제주도의 하천 중에서 백록담을 가장 넓게 접하는 것이 효돈천이다. 산벌른내는 효돈천의 상류를 지칭하는 말이고 중류 지역은 돈내코다. 국민생활관광지로 주변에 야영장과 청소년 수련 시설이 있는 돈내코계곡이 이 하천의 중류다. 한때는 한라산을 남쪽으로 오르는 코스인 돈내코 코스와 남성대 코스가 개척돼, 등반객들이 이용했으나 사고가 잦아 폐쇄되었다.

예전 서귀포 사람들은 산벌른내의 접근 자체를 금기시하면서 심지어 칠성판(관 속 바닥에 까는 널빤지)을 지고 가는 곳이라는 표현까지 했다. 산벌른내에 가면 죽거나 아니면 죽은 사람을 인양하러 가는 곳이라 하여 피했다.

여름철에는 더위에 지친 시민들이 계곡의 물을 찾아 이곳으로 몰려드는데 특히 돈내코의 물맞이는 서귀포 정방폭포 동쪽에 위치한 소정방의 물맞이와 더불어 신경통 치료에 효험이 있다고 알려져 인기를 끈다. 뿐만 아니라 돈내코에서부터는 거의 1년 내내 물을 볼 수 있는데, 물은 원앙폭포, 예기소(藝妓沼), 남내소, 고냉이소 등을 거쳐 쇠소깍으로 이어진 후 바다로 빠져나간다. 예기소는 줄을 타던 기생이 밧줄에서 떨어져 죽었다는 슬픈 이야기가 전해지는 곳이다. 조선시대 조랑말의 관리 실태를 감독하는 관리가 오면 정의현감이 향연을 제공하였다. 이때 흥을 돋우기 위해 기생들이 벼랑에서 줄타기를 했고 그 중 한 기생이 실수로 떨어져서 빠져 죽은 곳이라 예기소라고 불리게 됐다. 하천 주변에는 역사 유적지인 영천관과 영천사터가 있다.

수악계곡

제주도에서 강수량이 가장 많은 지역은 한라산 동남쪽 성널오름 일대이다. 호우주의보가 내리면 성판악 일대는 상상을 초월할 정도로 많은 비가 내린다. 1999년에는 세 차

산벌른내 백록담 남쪽인 움텅밭 끝자락에 이르면 산벌른내는 100m 이상의 깊은 벼랑 속으로 빠져드는 느낌이 들 정도로 깊게 파여 있다. 멀리 보이는 것이 백록담이다.

레에 걸쳐 각기 600mm 이상의 기록적인 폭우가 쏟아지기도 했다.

이 지역을 관통하는 하천이 신례천이다. 한라산 동릉 자락의 진달래밭과 사라오름에서 시작된 지류, 성널오름 서쪽 작은속밭에서 발원하는 지류 등이 합쳐져 깊은 계곡을 동반한 거대한 하천으로 변했다.

보리악 주변에서 상류의 지류들이 1차로 합쳐지고 논고악에서 우회한 후 5·16도로를 지나 신례리 대한농장 인근에서 다시 하나가 돼 공천포로 향한다. 특히 보리악 주변 해발 680m 지점에는 오름을 관통하면서 형성된 협곡이 관찰된다. 폭은 불과 2~3m에 불과하지만 높이가 20m가 넘는 바위로 이루어진 협곡 위로는 거의 100m에 이르는 거대한 깊이의 측방 침식면이 오름 위로 이어지며 장관을 이룬다. 5·16도로와 마주치는 수악교 주변을 수악계곡이라 한다. 이곳은 여름날 비록 물은 없지만 계곡에서 서늘한 바람이 불어와 더위를 식히기에 안성맞춤이다.

또한 이 지역의 하천은 바위 그늘에 돌담으로 은폐된 4·3항쟁 당시 무장대의 근거

지와 토벌대의 주둔성, 일제시대 일본군에 의해 만들어진 진지 동굴 등이 있어 역사 교육장으로서도 큰 의미를 담고 있다. 특히 수악계곡은 계곡의 깊은 맛과 오름마저 관통하는 물의 힘, 그리고 불행했던 일제시대와 해방 공간에서 동족간에 서로 총질을 하던 이데올로기 대립 등 많은 시사점을 보여준다.

신례천 하류는 수백 년생으로 추정되는,

보리악 대협곡 수악계곡은 해발 680m 지점인 보리악 주변에서 좁은 협곡을 이루는데, 하천이 범람할 때마다 물길이 오름의 흙을 깎아내 만들어진 것이다.

밑둥이 5m가 넘는 구실잣밤나무 수백 그루가 하천을 따라 밀집돼 있어 천연보호구역으로 지정되었다.

영실계곡

가을철 한라산에서 최고의 비경을 고르라면 단연 영실기암이다. 기암 괴석과 어우러진 단풍은 금강산의 단풍과 견주어도 모자람이 없다고 제주 사람들은 말한다.

　붉게 물든 단풍 아래로 졸졸졸 흐르는 계곡이 있다. 바로 영실계곡이다. 영실계곡은 영실 분화구 북쪽 위의 막다른 절벽 밑에서 발원하여 가파른 동서 능선 사이에 끼여 흐르는데 법정악 주변을 거쳐 서귀포의 도순, 강정으로 이어진다. 한라산국립공원 관리사무소 영실지소와 팔각정 앞의 식수는 영실에서 파이프를 이용하여 끌어온 것인데, 경치를 보기 위해 일부러 이 물을 뜨러 오는 사람들이 있을 정도다.

　특히 장마철 영실 등산로를 오르다보면 동쪽에 있는 커다란 바위 위에 두 줄기로 나뉘어 흐르는 물길이 장관을 이룬다. 금방이라도 끊어질 듯하면서 가늘게 이어지는 물줄기가 도리어 폭포수보다 더욱 아름답게 느껴진다.

　도순천은 영실계곡뿐만 아니라 불래오름의 남쪽 사면에서도 발원한다. 이곳에서 흘러내린 물은 존자암 주변을 지나는데 예전

가을날의 영실계곡　가을철 단풍이 한창일 무렵 영실계곡은 한라산 제일의 절경지로 변한다.

영실의 신록　거대한 바위로 형성된 영실에는 비가 내릴 때마다 바위틈의 물들이 모여 하나의 하천을 이룬다.

에는 이 계곡을 수행동이라 불렀다.

영실계곡의 물은 흘러내리면서 법정악을 지나는데 지금 서귀포자연휴양림이 조성돼 있는 곳이다. 휴양림 동쪽으로 깊은 계곡이 형성돼 요소요소에 작은 폭포와 깊은 소가 있어 볼거리를 제공한다. 법정악에는 예전에 법정사라는 사찰이 있었는데 일제시대에는 법정사 스님들이 주동이 되어 항일 운동을 벌이기도 했다.

이렇게 흘러내린 물은 도순을 거쳐 강정으로 흐른다. 도순동 계곡에 있는 녹나무 자생지는 1964년 천연기념물 제162호로 지정, 보호되고 있다. 강정에서는 예부터 물이 풍부해 제주도에서는 드물게 벼농사를 지었다. 제주도에서의 벼농사 재배지를 이야기할 때 일강정(서귀포시 강정동), 이도원(대정읍 신도리), 삼번내(안덕면 화순리) 이 세 곳을 꼽는데, 그 중 강정을 최고로 치는 것은 영실계곡의 풍부한 물과 관련이 깊다.

옛 문헌에서 강정은 대가내천, 대가래천, 강정천, 큰내〔大川〕 등으로 표기되었다. 1984년 강정 마을 청년들이 조사한 바에 따르면, 영실에서 바다까지 이르는 하천의 총연장은 15.8km에 달하고, 도중에 폭포가 13개 있고 , 소가 7개, 지류가 10개라고 했다. 이름 있는 폭포로는 가래1, 2폭포를 시작으로 하여 상류로 올라가면서 차례로 굴폭포, 가내1, 2폭포, 연지폭포, 등용폭포, 앙천폭포, 불이폭포, 귀일폭포, 선녀폭포, 청림폭포 등이 있다.

천미천

제주도에 있는 60여 개의 하천 중 하나가 행정 구역상 제주시와 북제주군, 남제주군을 아우르고 있다면 믿기지 않을 것이다.

천미천은 제주시에서 발원하여 북제주군의 조천읍, 구좌읍을 거쳐 남제주군의 표선 면으로 이어지는 제주도 최장의 하천이다. 제주도에서 고시한 총연장은 25km이지만 실제로는 그보다 더 길다. 하류는 성산읍 신천리와 표선면 하천리가 만나는 지점인데, 이곳에는 100m가 넘는 평화교라는 다리가 있다. 두 마을 사이에 다툼이 심해 사이좋

어후오름 주변의 천미천 천미천은 어후오름에서 발원하는데, 발원지 주변은 울창한 숲 사이로 크고 작은 절벽들이 있어 계곡의 깊은 멋을 자랑한다.

사행천 천미천은 중류인 성읍2리와 대천동 사이에서 마치 뱀이 구불구불 기어가는 것과 같은 사행천의 모습을 보여준다.

게 지내라는 의미로 평화교라 이름지었다고 한다.

천미천은 도내에서 오름이 가장 밀집된 동부 지역을 관통하기 때문에 40여 개의 오름과 직접적, 간접적으로 영향을 주고받고 있다. 천미천에 영향을 준 오름으로는 발원지 주변의 돌오름, 어후오름, 물장올을 비롯해 중류의 산굼부리, 성불오름과 하류의 영주산과 달산봉 등이 있다.

이들 오름은 용암의 흐름에 의해 하천 형성에 직접적인 영향을 주었거나 아니면 하천의 흐름을 바꾸어놓는 결과를 가져왔다. 특히 성읍리에서 대천동에 이르는 구간은 흡사 뱀이 기어가는 것과 같은 사행천(蛇行川)이 2km 가량 이어지면서 장관을 이룬다. 수차례에 걸친 용암 분출의 결과 하상에 용암류가 겹겹이 쌓여 물이 빠지는 것을 방지하는 효과를 내며 새파란 물결이 이어지는 사행천은 이곳에서만 볼 수 있는 비경이다.

이처럼 넓은 지역의 물이 모여들다보니 불과 4~5년 전까지만 해도 천미천 하류는 상습적인 침수 지역이라는 오명을 쓰기도 했다. 지금은 하상 정비를 통해 침수를 방지하고 있다. 이러한 특성 때문에 천미천의 중류인 영주산 주변에 대규모의 저수댐 건설 계획이 추진되었다.

1999년 농어촌진흥공사는 성읍 지구 저수댐 개발 사업 기술검토위원회를 열어 타당성 및 경제성 등을 검토한 후 저수량 135만톤 규모의 저수댐 건설 계획을 세웠다. 이 계획은 아직까지도 하천 범람을 막고 가뭄을 예방한다는 찬성론과 환경 파괴를 우려하는 반대론이 팽팽하게 줄다리기를 계속하고 있는 실정이다.

어승생 수원지

과거에 제주도의 식수 문제는 왜구의 침입을 막아내는 것만큼이나 절실한 문제였다. 제주의 모든 마을이 해안가를 중심으로 형성된 것도 식수 문제에서 비롯됐다. 항시 물이 부족하여 연못의 물은 물론, 나무에서 흘러내리는 물을 모아서 먹기도 했고 심지어 물장사도 있었다는 기록을 보면 그 중요성은 더 말할 필요가 없다.

어승생 수원지 동어리목골과 남어리목골, 아흔아홉골의 물줄기가 모여든 어승생 수원지는 제주도 제일의 상수원을 형성한다.

해방 이후 제주도에서 상수원으로 이용하기 위해 용천수를 개발한 것은 1953년의 금산수원에서 비롯된다. 이어 강정천, 이호, 외도, 삼양, 옹포, 정방, 돈내코, 서홍, 서림, 선돌, 어승생, 성판악 등 현재는 20개소에 상수원이 개발돼 있다.

제주도의 먹는 물 문제에서 가장 획기적인 변환점은 어승생 수원지 개발이라 할 수 있다. 그렇다면 어승생 수원지는 언제 어떻게 해서 만들어졌을까? 1967년 1월 연두 순시차 제주도를 방문한 박정희 대통령은 제주도의 물 문제를 근본적으로 해결하기 위해서는 고지대의 수자원을 개발하는 것이 가장 효과적이라 판단하여, 어승생과 아흔아홉골, 성판악수원에 대한 개발 방안을 연구하도록 지시했다. 이때 박 대통령은 자신의 구상을 직접 스케치까지 하여 관계자들에게 보여주기도 했는데, 이 기본 구상에 따라 1968년부터 어승생 용수시설 급수관로용역을 추진하게 된다. 1969년 어승생수원 통수

식이 제주시 산천단에서 거행되었고, 1970년 8월 공사가 완료된 후 두 차례의 보수 공사를 거쳐 1971년 12월 저수량 10만 6,000톤의 저수지가 건설되었다.

1998년 말 제주도의 상수원은 위의 20개소에 1일 20만 3,000m³의 시설 용량을 갖춰 하루 평균 11만 2,581m³를 먹는 물로 공급하고 있다. 하지만 아직도 가뭄 때면 격일제 급수 등을 시행하는 등 물 부족 문제로 시달리고 있다. 세계 최고 수준의 수질을 자랑하며 순식간에 국내의 먹는 샘물 시장을 석권한 삼다수가 생산되는 곳이지만 식수와 농업 용수 해결 방안은 해마다 사회 문제가 된다. 특히나 최근에는 무분별한 개발과 환경 파괴에 따른 지하수 오염 문제가 제주 지역 사회 최고의 현안이 되고 있다.

생태계의 보고, 한라산

희귀 동·식물의 집합소

우리나라에서 자라는 4,000여 종의 식물 중 그 절반에 가까운 1,800여 종이 한라산에 있다. 지리산에 1,300여 종의 식물이 있고 설악산에 1,000여 종의 식물이 있음을 감안하면 한라산에 얼마나 많은 종이 자라고 있는지 쉽게 이해할 수 있다.

한라산은 단순히 많은 식물이 서식하고 있기 때문에 중요한 것은 아니다. 아열대 식물부터 한대 식물까지의 수직 분포를 한눈에 볼 수 있을 뿐만 아니라 아열대 식물의 북방 한계, 한대 식물의 남방 한계 지역으로서 식물 분포를 관찰하는 데도 그 가치가 매우 높기 때문이다. 흔히들 산이 보여주는 생태계의 고유성은 그 산이 다른 산에 비해 특징적인 식물들을 얼마나 많이 키워내고 있는가에 달려 있다고 한다. 이런 면에서 볼 때 한라산의 중요성은 더욱 빛을 발휘한다.

우리나라에서만 자라는 특산 식물의 경우를 살펴보면 한라산 식물의 중요성을 더 쉽게 알 수 있다. 전체 400여 종 중에서 한라산에서만 자라는 특산 식물이 75종으로 가장 많다. 그 뒤를 지리산 46종, 백두산 42종, 울릉도 36종, 금강산 34종, 설악산 23종 등이 잇고 있다.

한라산에서만 자라는 제주도의 특산 식물로는 섬바위장대, 섬매발톱나무, 좀갈매나

원앙무리 천연기념물 327호인 원앙은 안덕계곡, 강정천 등지에서 서식한다.

무, 구름미나리아재비, 애기솔나물, 두메대극, 섬쥐손이, 흰바늘엉경퀴, 눈개쑥부쟁이, 깔끔좁살풀, 사옥, 바늘엉경퀴, 두잎감자난, 긴바람쥐꼬리, 섬새우난 등이 있고, 이 특산 식물 중 한라 또는 제주라는 단어가 들어간 식물들로는 한라장구채, 한라솜다리, 한라고들빼기, 한라개승마, 제주황기, 제주달구지풀 등이 있다.

이밖에 우리나라에서만 자라는 특산 식물 중 한라산에서 자라는 것으로는 구상나무, 제주산버들, 떡버들, 좀고채목, 검팽나무, 개족도리, 누른종덩굴, 새끼노루귀, 자주꿩의다리, 떡윤노리, 병꽃나무, 구름체꽃, 좀민들레, 한라사초 등이 있다.

또한 한라산은 아주 희귀한 식물들의 집합소이다. 우리나라의 희귀 식물 분포 실태를 보면 먼저 환경부가 지정한 멸종 위기 식물 6종 중 한란, 매화마름, 나도풍란, 돌매화나무 등 4종이 제주도에 서식하고, 보호 야생 식물 52종 중 절반인 26종이 제주도에서 자란다.

환경부 지정 보호 야생 식물 중 제주도에서 자생하는 것으로는 솔잎란, 물부추, 파초일엽, 죽절초, 고란초, 섬천남성, 솔나리, 으름난초, 백운란, 천마, 대흥란, 죽백란, 황기, 지네발란, 풍란, 삼백초, 개가시나무, 순채, 연잎꿩의다리, 산작약, 만년콩, 갯대추, 황근, 박달목서, 무주나무, 솜다리 등이 있다.

이밖에 우리나라의 천연기념물 중 제주도에서 지정된 식물들도 적지 않다. 섶섬의 파초일엽 자생지를 비롯하여 문주란 자생지인 토끼섬, 신예리 왕벚나무 자생지, 제주시 곰솔, 성읍리 느티나무 및 팽나무, 도순동 녹나무 자생지, 천지연 담팔수나무, 한라산 천연보호구역, 제주도 한란 자생지, 구좌읍 비자림 지대, 납읍리 난대림 지대, 산방산 암벽식물 지대, 안덕계곡 상록수림 지대, 천제연 난대림 지대, 천제연 난대림 지대 등이 그것이다.

식물에 비해 한라산의 동물 연구는 아직까지 매우 빈약한 실정이다. 일본 등 주변국 동물들의 진화 과정을 밝히는 연구를 할 수 있는 중요한 위치에 있음에도 불구하고 말이다. 제주도의 동물 연구는 빌레못동굴 유적에서 발견된 갈색곰(황곰)뼈에서 시작된다. 중기 구석기시대의 유물로 평가되는 이 갈색곰뼈는 제주도가 중기 홍적세(플라이스토세) 시기에는 육지와 연결되어 있었음을 보여주는 소중한 화석이다. 갈색곰은 스페

제주관박쥐 한라산의 구린굴에서 서식하는 제주관박쥐는 무분별한 포획으로 멸종 위기를 맞고 있다.

큰오색딱구리 제주도의 상징새인 큰오색딱구리는 한라산의 울창한 낙엽활엽수림에서 5~6월에 나무에 둥지를 틀어 새끼를 낳는다.

인에서 알래스카에 이르는 유라시아 북반구에 분포하는 곰이다. 또한 빌레못동굴에서는 대륙사슴뼈 화석도 발견됨으로써 예전에는 좀더 다양한 포유류가 살고 있었음을 알게 해준다.

이제까지 제주도에서는 곽지패총(북제주군 애월읍 곽지리의 유물산포지)에서 소와 말, 개, 고양이과 동물들의 화석을 비롯하여 우리나라 유일의 신생대 제4기 초 퇴적층인 서귀포화석층에서 고래뼈, 상어이빨 등이 발견되었다. 송악산 해안에서는 물오리류, 도요류, 백로 등 철새의 발자국이 나타나는데, 특히 이 새발자국 화석들은 당시 이곳이 철새도래지였음을 알려준다.

지금까지 나타난 제주도의 포유류로는 사슴과 1종을 비롯해 족제비과 1종, 고양이과 2종, 두더지과 1종, 땃쥐과 2종, 다람쥐과 1종, 쥐과 6종, 비단털쥐과 2종, 관박쥐과 1종, 애기박쥐과 10종 등 총 27종(7아종)으로 육지부에 비해 그 종수나 개체 수가 적은 편이다. 요즘에는 한라산의 노루를 빼고는 거의 볼 수도 없다. 이 중 제주도에만 있는 특산종은 주로 작은 포유류인 제주족제비, 제주관박쥐, 제주땃쥐, 제주등줄쥐, 제주멧밭쥐 등 5종이다.

제주도에서 관찰된 조류는 300종이 넘는다. 겨울 철새가 가장 많고 그 다음이 미조(길 잃은 새), 통과조류, 여름 철새, 텃새순이다. 특히 최근 들어 학자와 조류 사진가 등에 의해 많은 철새들이 새롭게 발견되고 있다. 그 중에는 물꿩 등 미기록종도 상당수에 이르러 관심을 끌고 있다.

제주도에서 관찰되는 조류 중 천연기념물로 지정된 것들도 많다. 노랑부리백로, 황새, 먹황새, 저어새, 노랑부리저어새, 원앙, 큰고니, 고니, 흑기러기, 개리, 까막딱따구리, 검은머리물떼새, 흰꼬리수리, 참수리, 독수리, 검독수리, 참매, 붉은배새매, 새매, 매, 황조롱이, 잿빛개구리매, 개구리매, 수리부엉이, 흑두루미, 재두루미, 느시, 솔부엉이, 칡부엉이, 쇠부엉이, 소쩍새, 큰소쩍새, 올빼미, 흑비둘기, 팔색조 등이다.

하지만 한라산 등산로에서 새들을 직접 보기는 쉽지 않다. 산을 오르다보면 수많은 새들의 울음소리를 들을 수 있지만 나무숲이 울창해 눈으로 보기는 그만큼 힘들다. 다만 큰부리까마귀는 한라산에서 흔하게 볼 수 있다. 특히 어리목광장에 들어서면 제일 먼저 등반객을 반기는 동물이 큰부리까마귀다. 건빵 같은 과자를 던져주면 금세 수백 마리가 몰려들 정도로 이제는 등반객들과 절친한 동물로 자리매김되었다. 등산을 하다보면 제주도의 상징새인 큰오색딱따구리가 숲 속에서 나무에 둥지를 팔 때 내는 소리인 '딱딱딱딱' 소리가 간혹 들려오기도 한다.

한라산의 식물 분포

한라산의 식물 분포는 기온이나 등고선에 따라 확연한 차이를 보인다. 해안 등 낮은 지대는 난대 또는 난온대로서 주로 상록수들이 자라고 그 위는 온대로서 낙엽활엽수들이 자라며 맨 위에는 아한대 또는 한·온대로서 추위와 바람에 강한 고산 식물들이

제주도의 특산 식물

특산 식물이란 그 지역에서만 자라는 식물을 말한다. 한라산에서만 자라는 제주도의 특산 식물로는 한라장구채, 한라솜다리, 한라고들빼기, 한라개승마, 제주황기, 제주달구지풀을 비롯해 섬바위장대, 섬매발톱나무, 좀갈매나무, 구름미나리아재비, 애기솔나물, 두메대극, 섬쥐손이, 흰바늘엉겅퀴, 눈개쑥부쟁이, 깔끔좁쌀풀, 사옥, 바늘엉겅퀴, 두잎감자난, 긴바람쥐꼬리, 섬새우난 등이 있다. 지금도 미기록종이 발견되고 있어 그 숫자는 계속 늘어날 것이다.

1. 흰바늘엉겅퀴 2. 제주사약체 3. 제주달구지풀 4. 한라고들배기
5. 한라개승마 6. 섬바위장대 7. 제주조릿대

한라산의 특산 식물

우리나라에서만 자라는 특산 식물의 경우를 살펴보면 한라산 식물의 중요성을 더 쉽게 알 수 있는데, 전체 400여 종 중에서 한라산에서 자라는 특산 식물이 75종으로 가장 많고 그 다음이 지리산 46종, 백두산 42종, 울릉도 36종, 금강산 34종, 설악산 23종 등이다. 우리나라에서만 자라는 특산 식물 중 한라산에서 자라는 것으로는 구상나무, 제주산버들, 떡버들, 좀고채목, 검팽나무, 개족도리, 누른종덩굴, 새끼노루귀, 자주꿩의다리, 떡윤노리, 병꽃나무, 구름체꽃, 좀민들레, 한라사초 등이 있다.

1. 제주양지꽃 2. 병꽃나무 3. 구름체꽃 4. 좀민들레 5. 떡버들

제주도의 보호 야생 식물

한라산은 우리나라에서 아주 희귀한 식물들의 집합소이다. 우리나라의 희귀 식물 분포 실태를 보면 먼저 환경부에서 지정한 멸종 위기 식물 6종 중 한란, 매화마름, 나도풍란, 돌매화나무 등 4종이 제주도에 서식하고 있고, 보호 야생 식물은 52종 중 절반인 26종이 제주도에서 자란다. 환경부 지정 보호 야생 식물 중 제주도에서 자생하는 것으로는 솔잎란, 물부추, 파초일엽, 죽절초, 고란초, 섬천남성, 솔나리, 으름난초, 백운란, 천마, 대흥란, 죽백란, 황기, 지네발란, 풍란, 삼백초, 개가시나무, 순채, 연잎꿩의다리, 산작약, 만년콩, 갯대추, 황근, 박달목서, 무주나무, 솜다리 등이다.

1. 파초일엽 2. 갯대추 3. 고란초 4. 솔잎란 5. 물부추 6. 황근 7. 죽절초

자란다.

한라산국립공원 지역의 경우를 보면 해발 1,400~1,500m 지대를 경계로 하여 온대 낙엽활엽수림과 아고산대로 나누어볼 수 있다. 온대 낙엽활엽수림 지대에서 자라는 주요 나무로는 서어나무류를 비롯해 참나무류, 단풍나무류 등이 있고 초본류로는 제주조릿대, 풀솜대, 개족도리 등이 분포한다.

1,500m 이상인 아고산대는 침엽수림, 관목림과 고산 초원이 뒤섞인 양상을 보인다. 한대 침엽수림의 주요 나무로는 구상나무, 주목 등이 있다. 섬매발톱나무, 들쭉나무, 눈향나무, 시로미 등 작은 관목 식물도 분포해 있으며 고산 초원에는 검정겨이삭, 좀새풀 등이 분포한다.

한라산의 고산 식물 분포 지역은 해발 1,300m 이상의 지역, 그 중에서도 남쪽 사면에서 서쪽 사면에 걸친 지역의 아고산 침엽수림대와, 털진달래·눈향나무·시로미 등으로 대표되는 고산 초원으로 나눌 수 있다. 이 고산 초원의 형성 원인에 대해 과거에는 과다한 방목과 더불어 인위적인 산불 때문이라고 추측하는 견해가 많았다.

그러나 최근에는 기후와 지질의 특성에서 그 원인을 찾고 있다. 즉 해양성 기후의 영향으로 여름철에는 집중 호우로 인해 토양 유실이 극심해져서 큰 식물에 좋지 않고, 대륙성 기후의 영향으로 겨울철의 온도는 매우 낮기 때문에 키 큰 식물의 생장에 적합하지 않다는 것이다.

또한 한라산에서 고산 초원이 형성된 남쪽 사면과 서쪽 사면은 이른 봄에 일찍 눈이 녹기 때문에 차갑고 건조한 바람의 영향을 많이 받는 것도 하나의 요

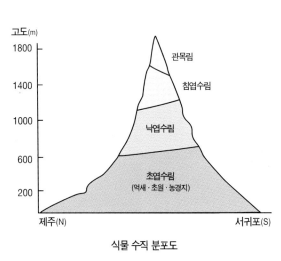

식물 수직 분포도

털진달래와 백리향 한라산 백록담 주변의 바위틈에서 질긴 생명력을 자랑하는 털진달래(왼쪽)와 그 향기가 백 리까지 풍긴 다고 하여 이름붙여진 백리향(오른쪽).

인으로 본다. 바람의 영향이 비교적 적고 물과 토사의 유입이 많은 계곡 주변에 구상나무숲이 형성된 것과는 비교되는 부분이다. 지질에 의한 원인은 화산 쇄설물인 송이층을 들 수 있다. 이 지역은 송이층이 대부분인데 송이는 수분을 보유할 수 있는 능력이 떨어지는 특징을 갖고 있다. 결국 여러 가지 요인이 복합적으로 작용하여 고산 초원이 형성되었겠지만 결정적인 원인은 수분 부족이라 할 수 있다.

고산 식물이란 고산 식물대에 분포하는 식물을 총칭한다. 한라산국립공원의 고정군 박사에 따르면 한라산에는 고산 식물로 시로미, 돌매화나무 등 목본 식물 23종, 한라장구채, 섬바위장대 등 초본 식물 38종이 분포하고 있는 것으로 확인됐다.

한라산 고산 식물의 기원을 살펴보면, 빙하기 한랭 기후가 지배할 때 많은 극지 식물이 남쪽으로 이동했고 기후가 따뜻해지면서 난대와 온대의 식물이 북쪽으로 이동했다. 이 과정에서 빙하기에 분포를 확대했던 한지 식물이 고산으로 이주, 격리되어 현재의 분포 지역을 이룬 것으로 본다.

고산 식물의 특징은 마디 사이가 짧고 잎은 소형으로 두꺼우며 식물체에 비해서 꽃이 크고 색채가 선명한 것이 많다. 생육 기간이 매우 짧기 때문에 급속 생장을 위하여 저장 물질을 축적하는 근계(땅속으로 뻗은 뿌리의 갈래)가 발달하고 잎과 줄기에 털이 빼곡하게 나 있다. 고산 식물 대부분이 한라산의 특산 식물이기 때문에 학술적으로나

풀솜대과 네귀쓴풀 중산간 지역의 낙엽수림 밑에서 자라는 풀솜대(왼쪽)와 백록담 주변의 고산 초원 지대에서 흔히 볼 수 있는 네귀쓴풀(오른쪽).

식물유전자원적 측면에서나 중요하다.

하지만 이처럼 소중한 자원인 한라산의 고산 식물도 최근에는 지구 온난화로 멸종 위기를 맞고 있다는 조사 결과가 나와 학계를 긴장케 만들고 있다. 즉 식물은 기온이 상승하면 광합성이 증가되지만, 추운 기후에 적응된 구상나무 같은 한대성 수목은 기온이 상승하면 증발산이 급격히 증가해 광합성에 필요한 수분 공급이 부족해진다. 따라서 나무의 물수지에 불균형이 발생해 생장에 타격을 받는다.

한라산을 비롯하여 지리산, 덕유산 등 우리나라의 남부 지방에서만 자라는 특산 식물인 구상나무가 몇 십 년 후에는 영영 사라질지도 모른다는 이야기다.

한란

우리나라에서 가장 귀한 식물을 고르라면 무엇을 말할까? 4,000여 종류에 이르는 우리나라의 자생 식물 가운데 적어도 법적인 측면에서 가장 귀한 식물은 단연 한란(寒蘭, 학명은 Cymbidium kanran)이다. 두 가지나 되는 법으로 보호하는 식물은 한란뿐이기 때문이다.

한란은 1998년 1월 개정된 자연환경보전법에 의해 보호를 받고 있다. 환경부가 이

법률에 의해 한란을 멸종 위기 야생 식물로 지정했기 때문에 함부로 채취하거나 허가 없이 키우면 3년 이하의 징역이나 2,500만 원 이하의 벌금을 물게 된다. 또한 한란은 문화재관리법에 의해 문화체육부가 관리하는 천연기념물 제191호로 지정돼 있어 훼손하면 3년 이하의 징역이나 300만 원 이하의 벌금에 처하도록 되어 있다. 이뿐만 아니라 2002년 2월에는 한란 자생지 자체가 천연기념물 제432호로 지정, 보호되기 시작했다. 그만큼 한란이 중요하다는 것인데, 우리나라에서 식물종(種) 자체가 천연기념물로 지정된 것으로는 한란이 유일하다는 사실이 이를 대변한다.

한란은 한라산 남쪽에 있는 시오름과 선돌 사이의 상록수림 아래, 돈내코계곡의 입구 근처에서 자라고 있다. 한란의 보호가 어려워 종을 천연기념물로 지정해서 보호하게 된 것인데, 이 지대는 한란이 자랄 수 있는 북방 한계지로서도 중요하다.

현재 한란은 희귀성 때문에 산에 남아 있는 게 흔치 않다고 한다. 근래에는 이것을 조직 배양으로 증식시키는 것과 동시에 전시장을 설치하여 보호하고 있다. 돈내코의 한란 자생지에 가면 먼저 위압감부터 느끼게 되는데 이중으로 처진 철조망과 감시 카메라까지 설치된 무인 경비 시스템이 작동 중이기 때문이다.

한란은 제주도의 해발 70~900m의 상록수림 밑에서 희귀하게 자라는 상록성 지생종(地生種)의 다년초이다. 선형 모양의 잎은 길고 아름다워 잎만으로도 관상 재배의 가치가 높다. 꽃잎은 짧고, 꽃색은 다양하며, 맑고 깨끗한 향기가 나서 난 애호가들에게 많은 사랑을 받고 있다.

보춘화(報春花)라고도 불리는 한국 춘란이 긴 겨울의 잠에서 깨어나 봄을 알리는 전령사라고 한다면, 제주 한란은 모든 식물들이 깊은 잠에 빠

한란 천연기념물과 멸종 위기 식물로 지정해서 보호하고 있는 한란이다.

져 있는 겨울에 피어나 차갑고 맑은 향기를 냄으로써 우리를 위로하는 예사롭지 않은 난이기에 더욱 관심과 사랑을 받고 있다.

한란은 다른 원예 식물처럼 실생 교배가 어려워 그 아름다움의 가치가 더욱 귀하게 취급되어왔으나 지금은 교배 기술이 발달하여 그 개량종이 속속 나오고 있다.

제주식물학의 선구자, 타케 신부

한라산의 식물에 대한 연구는 20세기 초로 거슬러 올라간다. 제주의 식물을 서양에 처음 알린 것은 프랑스의 타케(Emile J. Taquet) 신부와 파우리(Faurie R.P.U.) 신부이다.

타케 신부는 1907년 제주도에서 파우리 신부와 함께 많은 식물을 채집해 프랑스의 식물분류학자 레베일레와 바니오트에게 보냈다. 이때 채집된 식물들은 두 학자의 연구에 의해 신종으로 발표되었다. 그 중 섬잔대, 한라부추, 제주물통이, 좀갈매나무, 제주가시나무, 한라꿩의다리, 뽕잎피나무 등에는 '타케에 의해 채집된' 이란 뜻의 종소명(種小名)으로 타케 신부의 이름이 표기되어 있다.

한라부추

타케 신부의 가장 큰 업적은 제주도의 왕벚나무를 채집한 것이다. 그는 이 표본을 베를린 대학으로 보내 1912년 쾨네(Koehne) 교수에 의해 처음으로 그 이름을 얻게 만들었다. 특히 타케 신부는 제주도에 감귤나무를 들여오는 것을 주선하여 오늘날 제주도 경제의 주소득원인 감귤과 인연을 맺게 해 주기도 했다.

섬잔대

천주교의 자료에 따르면 타케 신부는 1902년 4월 마산포 본당에서 제주도 서귀포의 한논 본당 제3대 주임신부로 부임한 이후 1915년까지 홍로 본당에서 재임한 것으로 기록돼 있다. 우리나라에 귀화해 엄택기(嚴宅基)라는 이름으로 불리던 타케 신부는 이후 목포 산정동 본당을 거쳐 1928년 대구카톨릭대학의 전신인 성유스티노신학교 3대 교장으로 취임했다. 선교 활동과 함께 초창기 한국 식물의 세계화에 크게 기여한 인물이다.

버찌 왕벚나무의 열매.

왕벚나무

1900년대 초반 제주도 한라산에서는 한국과 일본의 자존심을 건 사건 하나가 발생했다. 1908년 4월 15일 프랑스 타케 신부가 한라산 북면 관음사 부근 숲 속에서 왕벚나무를 발견했다. 이후 1912년 독일 베를린 대학 쾨네 교수에 의해 그 자생지가 제주도라는 사실과 함께 세계 식물학계에 정식으로 학명을 등록하게 된다. 바로 일본이 국화라고 자랑하는 왕벚나무의 원산지가 제주도라는 사실을 기록으로 남기게 된 것이다.

이보다 앞선 1901년 일본 도쿄 대학의 매츠무라 진쬬 교수는 왕벚나무를 식물학회지에 기재하면서, 일본에서는 자연 상태의 자생지를 찾지 못한 채 왕벚나무를 재배하고 있는 지역인 일본 이즈의 오오시마를 자생지라 주장하기도 했었다. 따라서 쾨네 교수의 왕벚나무 자생지의 학계 보고는 무척이나 의미 있는 일이었다.

따라서 일본의 식물학자들은 그들의 국화 원산지가 제주도라는 사실을 뒤집으려고 일본 내에서 왕벚나무 자생지를 찾는 등 온갖 노력을 기울였다. 그러나 결국 찾지 못했다. 나중에는 일본 국립유전학 연구소장이었던 다케나카 요(竹中要) 박사가 왕벚나무 잡종설을 강요하기도 했다. 이후 1932년 일본 교토대학 고이츠미 교수가 또다시 한라산 남면 해발 500m 숲 속에서 왕벚나무를 발견했지만 일본에서는 전혀 발견되지 않았다.

잡종설을 폈던 일본의 학자들은 왕벚나무는 제주도에서 해발고도로 보아 더 높은 곳

왕벚나무 한라산 어승생악 서쪽에서 자라는 왕벚나무이다.

에 자라는 산벚나무와 더 낮은 곳에 분포하는 올벚나무 사이에서 태어난 것으로 주장했다. 하지만 이 또한 제주임업시험장의 김찬수 박사에 의해 교잡종이 아닌 독립종이라는 사실이 밝혀져 설득력을 잃게 됐다. 왕벚나무와 관련된 한국과 일본 양국 간의 자존심은 해방 이후까지 계속됐다. 한때는 우리나라 곳곳에 심어졌던 왕벚나무를 일본 것으로 잘못 생각하고 베어버려 왕벚나무들은 큰 수난을 당하기도 했다.

마침내 그 가치를 인정받은 왕벚나무는 1964년에 신예리 왕벚나무가 천연기념물 제156호로, 봉개동 왕벚나무가 천연기념물 제159호로 각각 지정돼 오늘날까지 보호되고 있다. 그리고 1990년대 후반 관음사 경내와 관음사야영장, 어승생악 등지에서 새로운 왕벚나무가 속속 발견되었고, 유전자 검사 등을 통해 왕벚나무의 고향은 한라산이라는 사실을 증명해내기도 했다.

한라산에 분포하고 있는 자생 벚나무는 섬개벚나무, 한라벚나무, 벚나무, 잔털벚나무, 사오기, 이스라지나무, 탐라벚나무, 산개벚지나무, 귀룽나무, 올벚나무, 산벚나무, 왕벚나무, 관음왕벚나무 등 13분류군으로 나뉘고 있다. 특히 관음사야영장 주변의 숲은 왕벚나무 자생지이며 여러 종류의 벚나무들이 군락을 이루며 자란다. 최근에도 관음사 주변 숲에서는 관음왕벚나무, 탐라왕벚나무 등 새로운 종이 추가로 발견되었다.

제주의 옛 선인들은 목재의 무늬가 아름답고 잘 썩지 않는 벚나무를 이용하여 궤(장농, 반닫이)를 만들어 쓰는 지혜를 발휘하기도 했다. 지금도 고가구점에서는 벚나무나 느티나무로 만들어진 궤를 최고로 꼽는다.

왕벚나무, 올벚나무, 산벚나무

한라산에서 가장 많이 보이는 벚나무속 식물로는 왕벚나무를 비롯하여 올벚나무, 산벚나무 등이 있다. 해발고도에 따른 분포대를 보면 해발 500m 이하는 올벚나무, 700m 이상에는 산벚나무, 그 사이 즉 500~700m 고지대에는 왕벚나무가 자란다.

왕벚나무

그렇다면 이 3종의 나무를 구분하는 방법에는 어떤 것이 있을까? 우선 개화 시기에서 차이를 보이는데 저지대에서부터 먼저 피기 시작한다. 즉 올벚나무, 왕벚나무, 산벚나무의 순서로 핀다. 하지만 최근에는 비슷한 시기에 꽃망울을 터뜨리는 경우가 많아 꽃피는 시기를 갖고 구분하기에는 어려움이 많다.

따라서 꽃의 형태를 잘 보아야 하는데, 이때 쉽게 구분하는 방법이 꽃잎 바로 밑부분에 해당하는 악통(꽃받침통)이 밋밋한가 아니면 볼록하게 절구통처럼 튀어나왔는가를 살피는 것이다.

올벚나무

왕벚나무는 악통이 밋밋한 반면, 올벚나무는 볼록하게 튀어나온 형태를 육안으로도 쉽게 구분할 수 있다. 산벚나무의 경우 악통은 왕벚나무처럼 밋밋하지만 꽃과 잎이 동시에 나오기 때문에 꽃이 먼저 핀 후 잎이 나오는 왕벚나무와 구분이 가능하다.

산벚나무

비자나무

제주도에서 가장 울창한 숲을 고르라면 사람들은 어디를 이야기할까? 한라산 영실의 소나무숲을 이야기하는 사람도 있을 것이고 5·16도로의 숲 터널을 이야기하는 사람도 있을 것이다. 아니면 한라산 천연보호구역의 어느 한 지역을 가리키거나 납읍리 금산 공원을 말하는 사람도 있을 것이다.

하지만 수령 500~800년생 노거수들이 2,878주나 되는 대군락을 형성하고 있는 숲이 있다면 제주의 숲 중에서는 첫째로 꼽을 것이다. 구좌읍 평대리 비자림 지대가 바로 그곳으로, 비자나무가 원시림에 가까운 숲을 이루고 있다. 비자림에 들어서면 하늘이 보이지 않는다고 할 정도로 10m는 족히 넘는 나무들이 2,000그루 이상 빼곡히 들어차 있다.

천연기념물 제374호로 지정된 평대리 비자림은 비자나무가 집단적으로 군락을 이룬 순림(純林)의 극성상을 이루고 있는 곳이다. 이 비자나무의 군락은 약 44만 8,000m²(13만 6,000평)로 세계적으로 가장 규모가 클 뿐만 아니라 하층 구조도 잘 발달되어 있기 때문에 학술적으로 중요한 연구 대상지이다.

비자나무는 주목과에 속하는 상록의 교목으로서 키가 25m, 가슴 높이의 줄기 둘레가 6m 이상까지 자라는 늘푸른나무로 난대성 식물에 속한다. 우리나라에서는 한라산의 낙엽수림대와 남해안 등지에서만 자라던 것이다. 하지만 한때 목재가 여러 가지로 유용하다는 이유로 마구 베어낸 까닭에 육지부에서는 매우 희귀한 나무가 돼 일부 사찰 근처에서만 자라고 있는 실정이다.

또한 육지부의 경우는 비자나무를 심어서 재배한 것으로 보고 있으나 제주도 비자림의 경우는 자생한 것으로 추정한다. 이곳 비자나무숲은 마을에서 제(祭)를 지낼 때 쓰였던 비자의 종자가 제가 끝난 후 사방으로 흩어지면서 오늘날과 같은 식물상을 이루었다고 추측하기도 한다. 하지만 무엇보다도 비자나무가 이처럼 잘 보존되는 이유에 대해 학계에서는 예부터 약재로 이용되어 공물(貢物)의 대상으로 쓰였기에 철저하게 관리된 것으로 본다.

비자림 비자림은 수령 500~800년생이나 된 2,000여 그루의 비자나무가 밀집한 세계 제일의 비자나무 군락지다.

비자나무 열매 기름기 성분이 많아 예부터 식용유로 먹기도 했고, 구충제로도 효과가 있다고 한다.

　비자나무는 그 이름에서도 권위를 느낄 수 있다. 비자나무를 본 사람이라면 왜 나무의 명칭을 비자라 했는지 대략 짐작할 수 있다. 잎의 모양이 아닐 비(非) 모양으로 뻗어나가기 때문에 비자로 불리게 됐다는 것이다. 훗날에는 독자적으로 '비자나무 비'(榧)라는 새로운 한자를 만들어냈으니 그 위세를 짐작하고도 남음이 있다. 비자(非子)가 비자(榧子)가 된 것이다.

　이밖에도 옛 사람들이 비자림을 대할 때 얼마나 조심했는지를 알 수 있는 속담이 있다. "비자는 구워 먹지도 말고, 볶아 먹지도 말고, 발로 밟지도 말라. 그러면 관습벌른다." 비자 열매 진상(進上)과 관련된 이야기로 '관습벌른다'는 말은 관에 잡혀간다는 말이다. 또 비자나무를 함부로 태우지도 말라고 했다. 나무 자체로 불을 때지 말라는 뜻으로, 그만큼 비자나무를 신성시했다는 의미이다.

　비자림이 수백 년 동안 보존된 이유가 여기에 있다. 지금도 이 지역 사람들은 비자림에 대해 경외감을 갖고 있을 뿐만 아니라 신성시하고 있음을 쉽게 알 수 있다. 이 지역 노인들은 비자나무를 신성시한 것이 수천 년 전부터였고 옛날의 비자림은 수백만 평이었다고 믿고 있다. 그 시초가 동검은오름에서 비롯되었다고 하고, 그러던 것이 고려 때 마지막 화산 폭발로 피해를 입은 것이라고 여기고 있다.

식물학자들이 비자림의 수명을 600년으로 측정했는데도 마을 사람들은 족히 1,500년은 되었을 것이라고 여긴다. 둘레가 5m 98cm로 거대하게 굵은 비자나무가 하나 있는데 이 나무의 수명이 1,500년은 되었다는 것이다. 1999년 북제주군에서 조사한 바에 따르면 이 나무의 수명은 800년이 넘는 것으로 측정되었다. 2000년 1월 북제주군에서는 이 나무를 새천년 비자나무로 명명하고, 21세기 무사안녕을 기원하는 나무로 지정하기도 했다.

비자림은 일제시대에도 철저하게 통제됐다. 일본인들은 지역 주민들이 비자 열매를 주워가지 못하도록 하여 전량을 일본으로 반출해갔다. 태평양전쟁이 일어나자 비자 열매로 기름을 만들어 비행기 연료로 사용했다는 이야기가 전해진다.

한방 서적에 따르면 비자는 예부터 충을 없애는 조충약이라 하여 회충, 요충, 십이지장충 박멸에 즐겨 이용해왔다. 또한 강장제로 쓰이며 치질에 좋고 시력을 좋게 하는 데 효능이 있는 것으로 전해진다. 이밖에도 기침 감기에 비자 열매를 먹으면 기침이 멎는 효과가 있고 얼굴이 누런 사람에게도 좋다고 한다. 하지만 비자를 약으로 복용하는 데는 조심해야 한다는 경고도 있다. 비자를 많이 먹으면 화(火)가 폐에 들어가서 대장이 상하므로 금해야 하고 녹두, 거위고기와 함께 먹으면 골절이 쑤시는 증상이 나타나므로 주의해야 한다.

특히 대머리로 고민하는 사람들에게 반가운 소식 하나가 있는데, 비자를 짓찧어 머리를 빗질하면 머리카락이 빠지는 것을 방지할 수 있다고 하니 한번 시도해볼 일이다. 비자 세 알과 호두 두 알을 측백나무 잎 한 냥과 함께 찧어 눈 녹은 물에 담가두었다가 이 물로 머리를 빗으면 탈모가 방지된다고 하는데 보통 정성으로는 쉽지 않은 처방전이다.

비자 열매에는 기름기 성분이 많아 예전에는 식용유로 먹기도 하고 등불 기름이나 머릿기름 등으로 이용하기도 했다. 가지나 잎을 태우면 모기가 접근하지 못해 모깃불로 이용하기도 했으니 그야말로 다용도로 쓰였음을 알 수 있다.

또한 비자나무는 강하기도 하지만 탄력이 있어서 잘 썩지도 않는다. 아무리 오래된 나무라 해도 겉부분을 벗겨내면 결이 새 나무처럼 보인다. 특히 비자나무로 만든 바둑판은 바둑을 둘 때 은은한 종소리가 들리는 것 같다고 하여 바둑판 중 최고로 친다.

현재는 비자림의 각 나무마다 일련 번호를 붙여 보호하고 있다. 그리고 비자나무 가지에는 나도풍란, 풍란, 콩짜개란, 흑난초, 차걸이난 등 희귀한 착생 난과 식물이 자라기도 한다. 하지만 이러한 난초들은 커다란 비자나무 가지 윗부분에서 자라기 때문에 실제로 찾아내기는 그리 쉽지 않다.

몇 해 전 제주도농업기술원에서 풍란 등을 비자나무의 가지에 심어 재배하는 복원 사업을 펼쳤는데 이것마저도 지금은 남아 있지 않다. 들리는 바로는 복원한 지 불과 1년이 지나기도 전에 사람들이 캐버렸다고 한다. 관습벌른다며 접근하는 것 자체를 금기시하고 조심스러워했던 옛 사람들과 달리 그곳에 무엇이 있다고 하면 금새 도채(盗採)해가는 오늘날의 세태가 자못 서글퍼지는 부분이다.

구상나무

한라산 정상에 오르면 상록성 침엽수림이 넓게 분포되어 있는 것을 볼 수 있는데 이것이 구상나무이다. 구상나무는 소나무과 전나무속에 해당하는 상록침엽 교목으로 솔방울 색깔에 따라 검은구상, 붉은구상, 푸른구상 등 크게 세 가지 품종으로 나누기도 한다.

구상나무는 우리나라에서만 자라는 특산 식물로서 한라산 외에도 화악산, 수도산, 가야산, 지리산, 가지산, 덕유산, 무등산 등 내륙의 고산 지대에도 분포한다. 특히 한라산의 경우 정상을 중심으로 해발 1,400m까지 약 2,800ha에 걸쳐 세계 유일의 순림을 형성하고 있어서 주목하게 된다. 다른 지역은 분비나무, 주목, 사스레나무 등과 같이 자라기 때문에 숲을 이룬 순림은 한라산이 유일하다.

구상나무는 원래 분비나무에 속하는 북방계 한대성 식물로 알려져 있다. 빙하기에 속하는 1만 2,000년 전 추위를 피해 한반도까지 내려왔다가 남부 지방 아고산대에 격리된 채 오랫동안 살면서 다른 종으로 분화되었다고 전문가들은 말하고 있다.

구상나무는 1907년 프랑스의 파우리 신부가 채집하면서 처음 발견됐다. 이어 1909년 타케 신부가 한라산과 지리산에서 수집하였고, 이 표본들을 미국 하버드대학 아놀드식물원의 표본으로 보내면서 그 가치가 인정되었다. 1915년 일본의 나카이 박사가 쓴 '지리산과 한라산의 식물 조사 보고서'에는 분비나무로 수록되었지만 이후 미국 하버드대학의 윌슨 박사가 나카이 박사와 함께 구상나무는 분비나무와는 다른 종임을 발견하고 구상나무라 명명하면서 세상에 그 존재를 알렸다.

구상나무는 나무 모양이 아름다울 뿐만 아니라 그 잎이 매우 부드럽고 독특한 향기를 뿜어 서양에서는 크리스마스트리로 최고의 인기를 누린다. 지금은 미국, 일본, 캐나다, 유럽의 여러 나라로 퍼져 외국에서 새로운 품종으로 계속 개발되고 있다. 앞으로의 시대를 '종(種)의 전쟁 시대'라고도 하는데, 우리 고유의 종을 지키고 보존하는 일이 얼마나 중요한지 느끼게 해주는 대목이다.

최근 충북대학교 박원규 교수와 경희대학교 공우석 교수 팀은 지구의 온난화 영향으로 구상나무가 급속하게 줄어들고 있다는 연구 결과를 내놓아 우려를 더하고 있다. 표본 조사한 구상나무 중 95%가 지구 온난화에 따라 성장 쇠퇴 현상이 나타나고 있다는 것이다. 이러다가는 멀지 않은 미래에 한라산에서 구상나무가 사라질지도 모른다는 목소리도 나오고 있다.

구상나무 열매 구상나무는 솔방울 색깔에 따라 검은구상(왼쪽), 붉은구상(아래), 푸른구상으로 나뉜다.

구상나무숲 한라산은 전세계에서 유일한 구상나무숲을 자랑하는데, 그 면적이 2800ha에 이른다.

    구상나무는 살아 백 년, 죽어 백 년이라 하여 수명이 다하여 죽은 뒤에도 고사목으로 그 자리를 지킨다. 앙상한 가지 위에 겨울철이면 하얀 눈꽃으로 치장하는데, 그 모습은 한라산의 또 다른 볼거리이다.

돌매화나무
작음으로써 더욱 큰 의미로 다가오는 식물, 백록담의 한쪽 끝에서 조용히 자라 한라산의 존재 가치를 한껏 드높이고 있는 식물이 있다. 더욱이 이곳 한라산에서만 자라는 식물이라면 그보다 더 큰 의미는 없지 않은가.

바로 그 식물이 돌매화나무이다. 흔히들 돌매화나무를 이야기할 때 전세계의 식물 중 가장 작은 나무라고 표현한다. 우리나라에서도 단 한 곳, 한라산 정상부의 바위 곁에 드물게 자라는 희귀 식물이다. 산꼭대기 화산 지대의 암벽에서 자라는데 매화나무 꽃을 닮았기 때문에 돌에 자라는 매화라 하여 '암매' 라는 이름이 생겨나기도 했다.

돌매화나무는 한 군데에서 10~30cm 내외의 폭으로 덩어리를 이루고 있다. 가는 가지에 잎이 빽빽하게 달리며 털이 없다. 상록 소관목으로 잎은 두껍고 주걱 모양이며 끝은 둥글며 길이는 7~15mm이다. 잎의 앞면은 광택이 나는 짙은 녹색이고 뒷면은 연둣빛이며, 잎 밑둥으로 줄기를 반쯤 싼다. 2cm도 채 되지 않는 나무의 크기에 꽃이 1.5cm 가량이니 보기에는 나무보다 꽃이 더 크게 느껴진다. 꽃은 줄기 끝에 1개씩 피고 깔때기 모양으로 생겼으며 5매의 꽃잎으로 이루어졌다. 가지 끝에 백색 또는 분홍색의 꽃이 6~7월에 1개씩 달린다.

이처럼 키가 작은 나무를 관목(灌木: Shrub) 또는 떨기나무라고 부른다. 줄기가 여러 개 있으나, 어느 하나가 특별히 크지 않고 나무의 키가 대략 2m 정도 되는 나무를 부르는 말이다.

예전에는 백록담 서북벽 정상의 바위에서만 자라는 것으로 알려졌으나 최근에는 정상 동북 지역의 바위벽과 서벽의 외륜에서도 자라는 것으로 확인되고 있다. 2~3년 전에 상당한 양이 도채돼 사회 문제가 된 적이 있었는데 요즘에도 서울의 일부 꽃집을 중심으로 밀거래되고 있다는 소문이 끊임없이 나돌고 있다.

돌매화나무는 시로미 등과 더불어 빙하기에 북극권에서 남쪽으로 이동 분포하였던 것이 오랜 세월이 흐르는 동안 격리된 채 살아오면서 이곳 환경에 적응하는 과정에서 분화되어 나타난 결과이다.

특히 한라산의 식물은 장기간의 격리에 따른 적응의 결과로 특산 식물이 많고, 돌매화나무나 시로미 같은 빙하기 유존종(種) 등 희귀 식물들이 우리나라 다른 어느 지역보다 많이 있다. 이러한 특징은 한라산 고산대의 다양한 지형, 토양 요인, 기층의 불안정성, 극도로 짧은 생육 기간, 많은 적설량, 넓은 일사량의 변화와 온도 교차 등 평지와 다른 요인이 많기 때문에 나타난다.

이러한 다양한 식생을 자랑하는 한라산에 최근 많은 위험 요소들이 나타났다. 집중 호우 같은 기상 요인과 등산객의 급증으로 식생이 훼손되고 있어 종의 보존과 식생 복원에 대한 관심이 모아지고 있다. 돌매화나무, 한라장구채, 한라솜다리 등 상당수의 희귀 및 특산 식물이 극히 일부 지역에 서식하거나 개체 수가 감소하는 추세에 있어 하루 빨리 보호 대책을 마련해야 할 것이다.

특히 최근에 와서 한라산의 고산 식생은 중대한 위기를 맞았다. 지구 온난화의 여파로 한대성 식물들은 우리 주위에서 점차 사라지고 아열대 식물들이 많아진 것이다. 환경정책평가연구원 전성우 박사는 논문에서 고도별 식물 분포가 뚜렷한 한라산에서 한라돌창포, 한라부추, 돌매화나무 등 해발 1,000m 이상에 사는 한대성 식물은 자취를 감추고 있다고 밝히고 있다. 점차 아열대화됨에 따라 이대로 가다가는 산 정상에 분포하는 한대성 식물도 피난처를 찾지 못한 채 멸종할 가능성이 높은 절망적 상황이 될 것이라는 것이다.

시로미

바닷가에 접해 있고 겨울에도 따뜻한 날씨를 보이는 제주에서는 예부터 산나물 문화가 빈약했다. 겨울에도 싱싱한 나물을 구할 수 있기 때문에 나타난 현상인데 이러한 제주 사람들에게 한라산에서 사람이 먹을 수 있는 식물이 뭐냐고 묻는다면 대부분이 시로미를 이야기한다.

시로미는 사람이 먹으면 늙지도 죽지도 않는다는 불로불사의 신비한 영약으로 알려져왔다. 우리나라에서 시로미는 한라산과 백두산의 정상에서만 자라는 희귀 식물로, 한라산에서는 해발 1,400m 이상의 지역에서만 자라는데, 돌매화나무와 더불어 가장 작은 나무라 할 수 있다. 10~20cm 내외의 상록 소관목으로, 가지는 바르게 뻗으며, 줄기는 길게 땅 위를 옆으로 기면서 원줄기에서 뻗어 나가 큰 군락 형태를 이룬다. 지금은 옛날 이야기처럼 들리지만 예전에는 등산객들이 8월이면 검게 익은 시로미 열매를 따먹기도 했었다. 심지어는 시로미 열매로 술을 담그거나 차를 만들어 마시는 사람들도 있었다.

하지만 이처럼 귀한 식물 자원인 시로미가 최근에는 그 생존에 있어서 중대한 기로에 서 있다는 것이 식물학자들의 공통된 시각이다. 갈수록 그 수효와 서식 면적이 줄어들고 있다는 조사가 속속 발표되고 있기 때문이다.

시로미가 줄어들고 있는 원인을 지구의 온난화 현상으로 보고 있지만 온난화와 함께 지적되는 것이 자연 환경에 대한 사람들의 과잉 보호이다. 한라산을 보호한다는 이유로 수백 년에 걸쳐 이루어져왔던 소와 말 등 가축의 방목을 금지시킨 조치가 결과적으로 시로미의 서식 환경을 악화시키게 되었다는 것이다. 30여 년 전까지만 해도 방목하던 소와 말이 제주조릿대를 뜯어먹어 그들의 급격한 증가를 막았지만 방목이 금지되면서 제주조릿대가 빠르게 번식하였고 제주조릿대와의 생존 경쟁에서 밀린 시로미가 점차 도태되고 있다는 것이다.

실제로 한라산국립공원에서 20년 이상 생활했던 청원 경찰들의 이야기를 종합해보면 말이 지나간 자리에는 제주조릿대의 번식이 상당히 더딘 모습을 보인다고 한다. 그들은 지금이라도 일정 면적에 말을 풀어놓아 제주조릿대의 번식에 미치는 영향을 조사해보면 쉽게 그 결과를 알 수 있다고 말한다. 일부 학자들은 시로미가 줄어드는 데는 제주조릿대의 급속한 증가보다 등산객들의 발길에 의한 피해가 훨씬 심각하게 영향을 미친다고 말하기도 한다.

또한 한라산에서 뛰노는 노루의 증가도 시로미의 성장을 막는 요인으로 작용한다. 산에 눈이 쌓이는 겨울철에도 시로미는 푸른 잎을 간직하고 있어서 노루들이 시로미 잎을 찾아 먹어 치운다는 것이다. 환경 보호라는 미명 아래 제대로 된 조사도 없이 소와 말의 방목을 금지시킨 조치와 함께 노루의 과잉 번식이 도리어 시로미를 비롯한 고산 식물을 훼손시킨 결과를 빚어냈다. 지나친 환경 보호가 어떤 문제점을 안고 있는지

시로미의 도태 사례가 직설적으로 보여준다.

　이제는 더 이상 늦기 전에 방목 금지에 따른 득실을 밝혀야 한다. 만약 제주조릿대의 급속한 증가가 소와 말의 방목을 금지시킨 결과이고, 이로써 시로미를 비롯한 한라산의 특산 식물인 두메대극, 제주달구지풀 등이 사라지는 원인이 되었다면 당연히 방목 금지를 철회해야 한다. 이는 지금 수십 억 원의 예산을 투입하여 벌이고 있는 훼손지 복구 사업보다도 더욱 중요한 일이며 선결되어야 할 과제이다. 인간들의 얄팍한 지식을 가지고 수백 년 동안 이어져온 자연을 거스르는 것이 얼마나 위험한 행위인가를 시로미와 제주조릿대를 통해 깨닫게 된다.

　시로미는 우리나라에서는 한 종으로서 시로미속 시로미과를 만들고 있다. 이러한 식물을 가리켜 모노 타입이라고 부르는데 모노 타입은 그 종이 없어지면 종 자체가 없어진다는 이야기와 같다. 16세기 유럽 열강이 전세계로 그 영역을 확장할 때 모리셔스 섬에는 도도라는 날지 못하는 새가 살고 있었다. 유럽인들이 모리셔스 섬에 상륙한 이후 도도는 멸종 위기에 내몰리게 되었고 결국 17세기에 이르러 지구상에서 영영 사라졌다. 멸종 동물의 상징인 도도는 이제 전설 속의 새가 되었다. 더 이상 지구상에서 도도의 비극이 되풀이되지 않기를 바란다.

시로미 열매　사람이 먹으면 늙지도 죽지도 않는다는 신비의 영약으로 알려져왔다.

들쭉나무

최근 남북의 화해 분위기를 타고 북한을 방문하는 사람들이 늘고 있다. 그와 함께 북한의 특산품도 많이 소개되는데 그 대표적인 것이 백두산 들쭉술이다. 그래서 들쭉나무하면 백두산에서만 자라는 식물로 잘못 알고 있지만 들쭉나무는 남한에서도 자란다. 한라산의 백록담과 설악산의 대청봉, 중청봉 일대에서도 자라고 있는데, 이 사실이 별로 알려져 있지 않다.

한라산 백록담의 바위틈에는 시로미가 많이 자라는데, 시로미와 철쭉 틈새에서 드물게 들쭉나무가 자란다. 하지만 워낙 희귀해 여간해서는 보이지 않는다.

들쭉나무는 수목 한계선 위의 높은 지대에서 자라는 고산 식물로 진달래과에 속하는 낙엽 관목이다. 크기는 20~100㎝ 정도이지만 한라산 백록담에는 고산의 강풍을 견디기 위해 바닥에 바짝 붙다보니 10㎝ 내외의 작은 것들이 많다. 이와는 달리 백두산의 들쭉나무는 키가 작지만 고도가 높이 올라갈수록 키가 커져 원지(圓池) 부근에서는 1m 내외의 들쭉나무를 흔하게 볼 수 있다. 열매는 9월에 익는데 즙이 많고 단맛이 돈다. 북미와 유럽에서는 열매를 이용하여 잼이나 청량 음료를 만들어 먹기도 한다.

한라산의 들쭉나무 역시 멸종 위기에 처한 가장 대표적인 식물의 하나로, 절대적인 보호가 필요하다.

들쭉나무 백두산에서만 자라는 것으로 알려진 들쭉나무는 한라산 백록담 주변에서 볼 수 있다.

털진달래, 산철쭉, 참꽃나무

5월의 한라산을 대표하는 진달래와 철쭉의 차이점은 무엇인가? 그보다 앞서 정확한 이름부터 알아보면 현재 한라산에서 자라는 식물은 진달래와 철쭉이 아니라 털진달래와 산철쭉이라고 해야 맞다. 그리고 제주도의 꽃이라는 영산홍도 참꽃나무라 해야 한다.

먼저 진달래와 철쭉의 가장 큰 차이점은 꽃 피는 시기다. 4월에 진달래가 먼저 꽃을 피우고 철쭉은 진달래가 지고 난 후인 5월에 꽃을 피운다. 또한 꽃과 잎을 보아도 알 수 있는데, 진달래는 꽃이 피고 진 후 잎이 나오는 데 반해 철쭉은 꽃과 잎이 비슷한 시기에 피거나 잎이 먼저 나온 후 꽃이 핀다.

털진달래는 고지대에서 자라는 진달래의 변종으로 잎과 어린 가지에 털이 있다. 고산 식물이기 때문에 개화 시기도 늦다. 산철쭉은 계곡이나 높은 산의 능선에서 자라는데 잎이 꽃보다 먼저 난다. 잎은 모양이 긴 타원형이며 털이 많고 점액 성분이 있어 만지면 끈적거린다. 잎 뒷면에는 갈색 털이 빽빽하게 나며 꽃의 색은 철쭉에 비해 진하다. 제주도의 꽃으로 지정된 참꽃나무는 낙엽성으로 잎이 작고 수술이 5개라는 게 다르다.

털진달래	산철쭉	참꽃나무

영송

한라산 1,100도로 비경 중 하나인 영송(靈松)은 한라산 1,000고지에 위치하고 있다. 소나무의 일종인 적송으로 100년이 넘는 수령에도 불구하고 높이가 1m도 안되는 작은 나무로 1,100도로에서 관광객들의 기념 촬영 장소로 크게 사랑받아왔다. 모양은 밑둥에서 모두 6개의 가지가 뻗어 나와 제주인의 정신인 삼다(돌, 바람, 여자)와 삼무(도둑, 거지, 대문)를 상징하고, 넓게 퍼진 나무의 형태가 타원형이라 제주도의 축소판이라고 표현하기도 했다.

이러한 영송이 2000년부터 남쪽으로 뻗은 가지의 솔잎이 마르기 시작하더니 급기야는 가지 하나가 말라 죽었다. 말라 죽은 가지를 제거하다보니 타원형이라는 안내판의 설명과는 달리 남쪽의 가지가 뻥 뚫려버렸다. 이에 국립공원 관리사무소에서는 산림청 임업연구원의 전문가와 나무병원 관계자에게까지 문의해 원인을 밝혀내려 했으나 정확한 답을 얻지 못했다.

2000년 10월 나무병원의 진단에 따라 우선 말라 죽은 가지를 제거한 후에 퇴비를 뿌려 토양의 지력을 높이는 한편 주변의 큰 나무까지 없앴다. 이후 영송의 발육 상태를 지켜보고 있는 실정인데, 다행히 파란 솔잎들이 돋아나고 있는 상태다.

그런데 영송은 다른 적송과 비교할 때 유전자가 다른 변이종이 아니고 주변의 환경 영향에 의해 특이하게 자라난 경우다. 이 때문에 유전자를 이용한 후계목을 만들 수도 없는 상태이다. 지금의 나무가 오래 살기만을 바랄 수밖에 없다는 사실이 사람들을 안타깝게 만든다.

겨우살이

한라산 중턱 낙엽활엽수림대를 살펴보면 한겨울에 잎이 전부 떨어진 나뭇가지에 파란 빛깔로 마치 까치집처럼 보이는 것이 있다. 겨울에도 푸르다 하여 겨우살이로 불리는데, 모양은 풀 같지만 어미나무의 잎이 다 떨어진 겨울에도 혼자 진한 초록빛을 자랑하여 늘 푸른나무로 분류된다.

가을이면 굵은 콩알만한 크기의 노란색이나 붉은색의 열매가 달린다. 겨울철에 잎도 없는 앙상한 가지에서 햇살에 비치는 열매는 신비감마저 준다. 이 열매는 새들에게 최고의 먹이인데, 새의 배설물을 통해 다른 나무로 옮겨지면서 번식한다. 이때 겨우살이는 접착제처럼 점액을 이용해 씨앗을 나뭇가지에 단단하게 고정시킨다. 이 상태로 겨울을 지내고 봄을 맞으면 씨앗에서 싹이 나와 나뭇가지에 뿌리를 박게 된다. 이후부터는 어미나무의 영양분을 흡수해서 살아간다.

이처럼 다른 나무에게 피해를 끼치는 겨우살이지만 예부터 사람들이 최고의 황금가지라며 칭송했을 만큼 다양하고 뛰어난 약효를 지닌 식물이다. 우선 겨우살이는 동맥경화와 고혈압을 치료하는 데 효과가 있다. 혈압을 완만하게 떨어뜨리면서 그 효과를 오래 지속시키는데 혈액 속의 콜레스테롤 수치를 낮추고, 동맥 경화로 인한 심장병을 낮게 하며, 심근의 수축 기능을 세게 한다. 예전에는 심지어 유산을 방지하기 위한 약으로 이용했다.

겨우살이 최근 항암 성분을 갖고 있는 것으로 알려진 겨우살이는 나뭇가지에 뿌리를 박은 후 어미나무의 영양분을 흡수하여 살아간다.

겨우살이 군락 겨울철에 나뭇잎이 다 떨어지면 가지 끝에 겨우살이가 홀로 남아 그 질긴 생명력을 자랑한다.

겨우살이는 최근 항암 효과가 매우 높은 것으로 알려지면서 인기를 끌고 있는데, 유럽에서 가장 널리 쓰이는 천연 암치료제가 바로 겨우살이의 추출물이라 한다. 특히 우리나라에서 자란 겨우살이는 유럽에서 자란 겨우살이보다 항암 효과가 20배 이상 높다고 하여 관심을 모았다.

산천단 곰솔

제주도에서 가장 큰 나무를 꼽으라고 하면 사람들은 어떤 것을 지목할까? 조천읍 와흘리를 비롯한 본향당의 신목(神木)을 이야기하는 사람도 있을 것이고, 비자림이나 성읍리의 팽나무를 말하는 사람도 있을 것이다. 하지만 높이나 아름드리 밑둥을 가지고 이야기하면 대부분 제주시 산천단의 곰솔을 꼽을 것이다.

1964년 천연기념물 제160호로 지정, 보호되고 있는 산천단의 곰솔은 모두 여덟 그루다. 높이는 21~30m로 네 그루가 30m, 세 그루가 25m, 나머지 하나가 21m이다. 가슴 높이 둘레가 3.4~6m에 달하고 수령은 500~600년으로 추정하고 있는데 우리나라의 곰솔 중 가장 크고 오래된 나무로 알려져 있다. 우리나라 최고, 최대라는 이름에 걸맞게 나무 하나하나가 웅장함과 아름다움을 갖고 있다.

바다에서 자란다 하여 해송이라고도 불리는 곰솔은 줄기가 붉은 보통의 소나무와는 달리 새까만 껍질을 가졌다. 그래서 순수 우리말로 검솔〔黑松〕이라 하다가 곰솔로 불리게 되었다는 이야기가 전해진다. 우리나라에서는 제주도를 비롯하여 함경도 원산에서부터 서해안의 백령도에 이르는 해안에 바다를 끼고 자란다. 제주도와 남해안의 일부 지역에서는 해발 700m 이하의 지역에서도 자라고 있어 최근에는 해송보다는 곰솔이라는 이름이 더 어울린다고 전문가들은 지적한다.

곰솔은 대부분의 식물들이 감히 살아갈 엄두도 못 내는 모래사장이나 바닷물이 수시로 들락거리는 곳에서도 거뜬히 살아간다. 바다에서 날아오는 소금 물방울을 맞고도 사시사철 푸름을 잃지 않는 강인함이 돋보여 예부터 사람들에게 힘찬 기상을 심어주며 사랑을 한 몸에 받아왔다. 수십 그루가 모여 자라는 특성 때문에 억센 바닷바람으로부터 동네를 보호해주고 농작물이 말라버리는 것을 막아줘 방풍림으로서의 효과도 있다. 건조하고 척박한 입지에서도 잘 견디지만 내한성(耐寒性)이 약하여 중부 내륙 지방과 심산 오지에서는 생육이 불가능하다.

소나무와 곰솔은 유전적으로 아주 가까운 사이다. 하지만 곰솔의 껍질은 강렬한 자외선에 타버린 듯 까맣게 보이고 바늘잎은 너무 억세어 손바닥으로 눌러보면 찔릴 정도로 딱딱하다. 새순이 나올 때는 회갈색이다. 반면에 소나무는 붉은 피부를 지니고 있고 잎이 연하며 새순은 적갈색이다. 쉽게 구분하는 방법은 가지 끝에 형성되는 겨울눈의 색깔을 보는 것인데 곰솔은 희어서 붉게 보이는 소나무와 쉽게 구별이 된다. 이러한 특성 때문에 곰솔은 남성적이고 소나무는 여성적이라 한다.

식물학자들은 지구상에 소나무가 출현한 시기를 중생대의 삼첩기 말기로 보는데, 지금으로부터 대략 1억 7,000만 년 전으로 추측한다. 한반도에서는 이미 백악기의 소나무 화석이 발견되었으며, 경북의 포항, 연일, 감포 지역과 강원도의 통천, 부평 등지의 신생대 제3기 지층에서도 많은 양의 소나무류 화석이 발견되었다.

산천단에 가보면 여덟 그루의 나무 중 밑 둥지 부분에서 두 개로 나뉜 나무가 있다. 어릴 때는 두 개의 나무였다가 하나로 합쳐진 것이 아니냐는 의견도 있다. 이처럼 밑

산천단 곰솔 천연기념물 제160호로 지정, 보호되고 있는 산천단의 곰솔은 우리나라의 곰솔 중 가장 크고 오래된 나무로 알려져 있다.

산천단 예부터 한라산신제를 지냈던 곳인 산천단은 제주도민들이 신성시하는 곳 중의 하나다.

부분에서 굵은 가지가 갈라지는 것을 곰반송이라고 한다.

산천단은 조선시대인 1470년부터 한라산신제를 지냈던 곳으로, 제주도민들에게는 무엇보다 성스러운 장소다. 이곳 곰솔의 수령을 500~600년으로 추정하는 것도 당시부터 보호를 받으며 자라온 것이 아니냐는 추측에서 비롯되었다. 예부터 인간세계와 하늘을 연결시키는 매개체로 나무가 많이 등장하였는데, 산천단의 곰솔도 한라산신이 내려오는 길목 역할을 하지 않았느냐는 믿음으로 이어진다. 한라산신이 제주도민들에게 자신의 존재 가치를 알리는 징표가 바로 산천단의 곰솔이라는 것이다. 곰솔은 똑바로 올려다보기도 힘든 30m 높이로 굳건하게 자라 제주도민들에게 강한 기상을 심어준다.

백록

아주 먼 옛날 사냥꾼이 한라산 백록담에서 사냥을 하다가 신선이 타고 다녔다는 백록을 발견하여 화살을 쏘았다. 그것이 옥황상제의 노여움을 샀고 이에 화가 난 옥황상제가 한라산 꼭대기를 한 움큼 파서 던졌다. 파인 자리에 백록담이 생겼고 이때 날아간 바윗덩어리가 오늘날의 산방산이 되었다는 전설이 있다.

1993년 10월 23일자 「동아일보」에는 제주도민들을 놀라움과 함께 흥분에 휩싸이게 만든 사진 한 장이 실렸다. '백록담 흰사슴'이라는 제목 아래 흰사슴을 한라산 중턱에 방사했다는 기사였다. 그 내용은 경기도 이천군에서 사슴 사육 농가를 이루고 있는 백인범 씨가 3년생 흰사슴 수컷 한 마리와 꽃사슴 암컷 한 마리 등 사슴 한 쌍을 서울에서 항공편을 이용해 제주로 공수, 한라산 700고지인 개오리오름 부근에 방사했다는 것이다. 이를 본 제주도민들은 전설 속의 백록이 백록담 주변에서 뛰어노니는 모습을 상상하며 흥분을 감추지 못했다.

그리고 1년 후 개오리오름 부근을 지나가던 택시기사와 순찰 중인 한라산국립공원 관리사무소 직원이 이 사슴을 목격하였고, 제주도민들은 흰사슴이 어서 빨리 자라나 힘차게 뛰어다니기를 고대했다. 하지만 그것으로 끝이었다. 이후 10년이 다 되어가는 오늘까지도 백록은 사람들의 눈에 띄지 않고 있다. 그렇게 도민들의 뇌리 속에서 잊혀져갔고 지금은 또다시 전설 속의 백록으로 남았다.

과연 백록은 살아 있을까? 그리고 살아 있다면 어디에서 생활하고 있을까? 동물학자나 한라산국립공원 관리사무소 직원들은 백록이 살아 있을 가능성에 대해 매우 조심스런 입장이다. 1995년 이후 전혀 목격된 바가 없기 때문이다. 우리에서 자라던 사슴이 자연에 적응하지 못하고 한라산의 수많은 노루들과의 생존 경쟁에서도 밀려 도태된 게 아니냐는 것이 지배적인 시각이다.

자연 환경에 적응하지 못해 도태된 사례는 사슴뿐만 아니라 까치의 경우에서도 확인된다. 지금 제주도에는 급격하게 불어난 까치가 또 다른 환경 문제를 야기하고 있지만, 1963년에는 제주시 삼성혈에 8마리의 까치를 방사했다가 적응에 실패하여 도태되기도 하였다. 제주도의 토착 조류인 까마귀와의 생존 경쟁에서 밀렸기 때문이다.

이와는 달리 방사 지점인 개오리오름에서 훨씬 산속으로 들어간 물장올 부근의 울창한 숲 속에 사슴이 서식하고 있을지도 모른다는 이견을 제시하는 사람들도 있다. 몇 해 전 이곳에서 국립공원 근무자들이 사슴의 뿔을 발견했기 때문인데, 물장올과 태역장올 사이를 유력한 지역으로 본다. 백록이 살아 있느냐 아니냐는, 백록이 발견되지 않는 한

논란으로 끝날 소지가 많다. 그리고 경우에 따라서는 또다시 전설 속의 백록으로 사람들의 뇌리 속에서 잊혀져갈지도 모른다.

백록 방사에 앞서 한라산에 두 차례에 걸쳐 꽃사슴 11마리를 방사한 적이 있는데 이 사슴들도 2~3년이 지나니, 사람들의 시야에서 사라져 그 생존 가능성에 대해 논란이 분분한 상태다. 제주시 동일의원의 이동일 원장은 1992년 8월 5·16도로 수장교 서쪽 200m 지점에 대만산 꽃사슴 암컷 4마리와 수컷 2마리 등 6마리를 방사했고, 1993년 6월 관음사 지구 자원 목장에 암컷 4마리와 수컷 1마리 등 5마리를 또다시 방사했다. 하지만 이 사슴들도 1995년까지는 등반객과 5·16도로 차량 운전자들에게 간혹 발견됐었으나 이후 완전히 사라져버렸다.

관계자들은 물장올 부근에서 발견된 사슴의 뿔도 이동일 원장이 1차로 방사한 사슴의 뿔일 가능성이 더 크다고 보는데, 그 이유로는 거리상 가깝고 접근도 용이하다는 점을 든다. 어쨌든 1993년 당시 환경단체와 동물 애호가 사이에 팽팽하게 환경 파괴 논쟁을 붙였던 사슴의 방사 문제는 사슴들의 활동이 확인될 때까지는 그 논쟁이 잠복기에 들어갔다고 할 수 있다.

이처럼 한라산에 모두 3차례에 걸쳐 13마리의 사슴이 방사됐는데 그 생존 가능성에 대해 지금 시점에서 단언하기는 이르다는 게 대체적인 시각이다. 우선은 방사 지점이 국립공원과 바로 맞닿은 곳이므로 한라산의 울창한 숲으로 들어갔을 경우 사람들의 눈에 뜨일 가능성은 매우 희박하다. 한라산은 국립공원 구역이어서 관리사무소 직원들이 아주 엄격하게 출입을 통제하는 상황이라 사슴들이 숲 속에 들어가 생활할 경우 사람들에게 목격되지 않는다는 것이다. 그리고 사슴은 노루와 달리 폭설로 먹이가 부족하다고 해도 하산하는 것이 아니라 나무의 줄기까지 먹으며 연명한다는 점도 생존설에 무게를 두는 요인이다.

최근에는 개오리오름 부근과 어승생악 부근에서 또 다른 사슴들이 발견돼 사람들을 어리둥절하게 만들기도 했다. 그런데 이 사슴들은 주변 사슴 농가에서 사육되다 울타리를 뛰쳐나간 사슴들이었다. 품종도 꽃사슴이 아닌 요크셔종(種)으로, 개오리오름 일

백록상　한라산 1,100고지에는 백록담을 향하고 있는 백록상이 세워져 있다.

대에서 발견되는 사슴은 송아지만하다는 것이 목격자들의 진술이었다.

　한라산에는 100여 년 전까지만 해도 사슴이 살았다고 한다. 녹하지, 녹산장, 백록리(안덕면 상천리의 옛 이름) 등 수많은 지명과 함께 오늘날까지도 사슴과 관련된 수많은 이야기들이 전해지지만, 아쉽게도 일제시대에 무분별한 포획으로 완전히 멸종했다. 하얀 사슴, 즉 백록에 대해 조선시대 이형상 목사의 『남환박물』(南宦博物)에 따르면 양사영 목사와 이경록 목사는 백록을 사냥했다고 기록되어 있다.

　사슴은 넓은 범위를 활동 무대로 삼는 것이 아니라 극히 한정된 지역에서 생활하는 습성을 갖고 있다. 지금이라도 방사된 사슴의 생존 여부를 확인하려면 앞에서 언급한 물장올과 태역장올 주변을 수색하면 될지도 모른다. 하지만 사슴이 한라산의 생태계를 파괴시킨다거나 주변에 피해를 입히지 않는 이상 굳이 그 존재 유무를 확인할 필요가 과연 있을까 반문해본다. 신선이 타고 다녔다는 백록이 고고한 자태를 뽐내며 백록담의 물을 마시며 노니는 모습을 그리며 살았던 우리 선인들의 이상향을 우리들 또한 가슴속에 품고 살아가는 것이 더 아름답지 않을까.

노루

2000년에 제주도에서 제주도의 상징물을 새롭게 선정하기 위해 여론 조사를 실시했다. 이제까지 제주도의 상징 동물은 큰오색딱따구리였는데, 새로운 것을 고르라고 했더니 노루와 조랑말이 꼽혔다. 특히 한라산으로 범위를 좁혀 제일 먼저 떠오르는 것을 질문했더니 노루라는 대답이 가장 많았다. 한 번이라도 한라산 등반에 나섰던 사람들은 1,700고지 주변의 선작지왓이나 만세동산, 장구목 일대에서 뛰노는 노루의 모습에 감탄하고 경이로워했을 것이다.

한라산 노루는 멸종 위기까지 갔다가 불과 10여 년 사이에 오늘날처럼 급속하게 그 수가 늘어났다. 1980년대에는 한라산에서 노루를 거의 볼 수 없었다. 1990년에 제주의 한 일간지에서 노루가 매우 오랜만에 모습을 드러냈다는 기사가 실린 이후 사람들의 보호 덕분에 급격하게 늘어 오늘에 이르렀다. 일간지 기자는 1990년 당시 며칠을 한라산에서 잠복한 끝에야 어렵사리 노루를 촬영하는 데 성공했다니 노루 보기가 얼마나 힘들었는지 짐작할 수 있다.

이처럼 멸종 위기에 놓였던 한라산의 야생 노루는 1987년부터 국립공원 관리사무소와 민간단체들의 적극적인 보호 활동에 힘입어 수가 증가했고, 지금은 한라산 전역에 서식하며 제주도의 상징적인 동물로 되살아났다.

현재 여러 자료에서 제주도에 사는 노루 숫자를 5,000마리로, 그리고 한라산국립공원 구역의 경우 3,000마리의 노루가 살고 있다고 추산한다. 하지만 이 수치도 외국의 경우처럼 적외선을 이용한 과학적인 조사가 아니어서 크게 신빙성은 없다. 지난 해 한라산국립공원 관리사무소 직원들이 정상 분화구 안에 서식하는 노루의 숫자를 따져보았는데, 30여 마리가 백록담에서 살아가는 것으로 확인되었다.

사슴과에 속하는 노루는 한라산 전역의 산림이나 초지(草地)에 살고 있으며, 주로 초저녁부터 밤에 활동을 많이 하는 야행성 동물로 한 번에 2~3m 뛸 수 있으며 한라산 지형에 알맞게 체구가 작아 날렵하다.

노루의 모습을 보면 4개의 다리는 미끈하고 곧게 뻗어 있는데, 앞발은 뒷발보다 길이가 짧아 비탈진 언덕 위로는 잘 뛰지만 내리막길은 잘 뛰지 못한다. 예전에도 노루를 잡을 때는 동산 위에서 아래로 몰아가는 방식을 취했었다. 노루의 눈은 동그랗고 눈망울은 언제나 우수에 젖은 듯하며 너무나 초롱초롱해서 보는 이로 하여금 신비로움과 동정심을 자아내게 한다. 풀을 뜯다가 이상한 소리나 작은 움직임에도 놀라 가느다란 목을 쳐들고 주위를 살피며 귀를 쫑긋이 세운 모습은 무척이나 귀엽게 보인다.

숫놈은 뿔이 있고 암놈은 뿔이 없다. 수컷의 뿔은 1년에 한 번 11월경에 떨어졌다가 1월경부터 다시 자라는데 노루에게는 뿔이 유일한 무기다. 특히 새끼가 태어나면 자기 식구들의 먹이를 위해 숫놈들끼리 영역 싸움이 치열한데, 이때 조금이라도 틈을 보였다 하면 사정없이 달려들어 날카로운 뿔로 받아 승부를 결정짓는다.

겨울이 되면 한라산에 눈이 쌓이고 먹이를 구하기가 어려워지면서 노루 가족들은 먹이를 찾아 중산간의 초지대를 찾아나선다. 최근에는 인근 주민들의 농작물에 피해를 주는 사례도 늘어나 새로운 문세로 떠오르고 있다. 급기야 노루의 사냥을 허용해야 한다는 주장까지 제기되고 있어 안타까울 따름이다. 하지만 엄밀히 이야기하면 노루가 인간의 영역을 침범한 게 아니라 인간들이 노루의 삶의 터전을 빼앗았다고 해야 옳다. 중산간 일대를 무차별적으로 개간하면서 설 땅이 없어진 노루들이 먹이를 찾아 주변의 밭으로 들어가게 된 것이다.

한라산 노루는 바로 한라산이 살아 숨쉬고 있는 생명의 원천임을 보여주는 상징이다. 그런데 요즘 한라산국립공원 관리사무소 직원들의 말을 종합해보면 한라산에서 살아가는 노루가 예전에 비해 많이 줄었다고 한다. 겨울철에 먹이를 찾아 하산한 노루들이 산에 있는 고향으로 돌아가지 못했다는 이야기다. 노루가 줄어드는 요인으로는 벼랑이나 물웅덩이에 빠져 죽거나 들개에게 잡아먹히거나, 한라산 횡단도로에서 차에 치여 죽는 경우 등 여러 가지가 있다. 이밖에 노루에게 가장 큰 위협이 되는 것은 역시 사람이 만들어놓은 올가미와 덫이다.

매년 겨울이면 관계 당국에서 밀렵 행위에 대한 단속 활동을 벌이지만, 중산간 지역에는 여전히 수많은 올가미가 목격된다. 몇 해 전 제주국제공항 화물청사에서 밀렵된 후 냉동 상태로 서울로 보내지던 노루가 적발돼 충격을 준 적이 있다. 관계 당국은 이처럼 밀거래되는 노루가 1년에 수백 마리에 달할 것으로 추정한다.

노루는 다니는 길이 따로 있다고 한다. 한라산 장구목이나 선작지왓에 가면 노루길을 볼 수 있는데, 이러한 노루의 특성을 이용한 밀렵꾼들이 노루가 다니는 길목에 올가미를 설치하기 때문에 피해가 크다.

노루 가족 한라산 자락에서 평화롭게 뛰놀고 있는 노루들. 특히 선작지왓 일대에서는 아침저녁으로 노루를 흔하게 볼 수 있다.

노루의 최후 교통 사고와 사람들의 밀렵으로 노루는 큰 수난을 당했다. 이처럼 자연사한 경우는 그리 많지 않다.

　멸종 위기에까지 처했다가 어렵게 되살아난 한라산 노루를 살리는 길은 한라산의 모습을 후세에 남기는 가장 확실한 방법임을 인식해야 한다. 좀더 적극적인 보호 의지가 필요하다.

조랑말

옛말에 "사람을 낳으면 서울로 보내고 말을 낳으면 제주도로 보내라"는 속담이 있다. 그만큼 예부터 제주도는 말과 깊은 연관을 맺어왔다. 제주도의 조랑말은 키는 작지만, 지칠 줄 모르고 달리는 강인함과 추위와 각종 질병에도 강한 특징이 있다. 특히 조랑말은 두 발을 모아 달리는 보통 말과는 달리 네 발이 각기 따로 움직이기 때문에 흔들림이 적다. 옛날 몽골 제국이 세계를 제패할 수 있었던 가장 큰 요인으로 말을 이용한 기동력을 꼽는데 그 원동력이 조랑말이었다고 한다. 흔들림이 적기 때문에 말 위에서도 쉽게 활을 쏠 수 있었고 지칠 줄 모르는 조랑말의 힘을 바탕으로 기동력을 발휘했다는 것이다.

　제주도에서의 목마 정책은 고려 문종 때 좋은 말을 골라 조정에 바쳤다는 것에서부터 시작된다. 그후 몽골이 제주도를 지배하면서 1276년(충렬왕 2)에 몽골에서 말 160

필을 제주도로 들여와 수산평에 방목하면서 본격화되었다. 조선 세종 때는 고득종(高得宗)이 조정에 건의해서 목장을 한라산 중산간으로 옮기게 된다. 제주의 말과 관련하여 빼놓을 수 없는 인물이 김만일(金萬鎰, ?~1633)이다. 임진왜란 직후인 1600년에 자신의 말 500필을 진상한 것을 시작으로 그 후손인 김대길(金大吉)이 또다시 200필을 조정에 바쳤다. 이에 효종은 감목관(監牧官)이라는 특별한 벼슬을 내리고 대대로 세습하게 했는데 이 제도는 1895년까지 계속된다.

1970년대만 해도 백록담을 배경으로 조랑말이 한가로이 풀을 뜯는 모습은 한라산 등반에서 얻는 또 다른 볼거리였지만 지금은 방목이 금지돼 그러한 모습은 볼 수가 없다. 대신에 5·16도로변의 개오리오름 자락이나 중산간 지대의 오름에서 한가로이 뛰노는 조랑말이 그 풍치를 되살리고 있다. 하지만 제주도 민중들에게 목장과 말은 한이 맺힌 것이라 할 수 있다.

조선 인조 때 제주도로 귀양을 왔던 이건(李健, 1614~1662)이 남긴 『제주풍토기』에 따르면 말이 죽으면 목자가 그 가죽을 벗겨 관아에 바쳐야 했는데 혹 가죽에 손상이 있으면 관아에서 받아들이지 않고 그 일가 친족들에게 배상하게 하는 등 수탈의 수단으로 이용했다고 한다.

따라서 한번 목자의 임무를 맡으면 망하지 않는 집안이 없어 심지어는 친족들이 목자를 살해하는 경우까지 있었다고 한다. 그래서 '짐승을 기른다는 것은 사람이 먹고살기 위한 목적인데 그 의미가 거꾸로 변해 도리어 짐승 때문에 사람이 죽는다'고 한탄을 했을 정도니 그 어려움을 짐작하고도 남는다.

까치

지금은 많은 사람들의 뇌리에서 잊혀져가고 있지만 원래 제주도에는 까치가 없었다. 하지만 오늘날에는 유해 조수로 인정하느냐 마느냐를 놓고 논쟁이 벌어지고 있을 정도로 그 숫자가 늘어났다. 그 과정을 되돌아보면 우리 사회가 과거에 얼마나 생태 환경에

목장의 조랑말 한라산 횡단도로인 5·16도로변 개오리오름 인근의 목장에서 뛰노는 조랑말의 모습은 관광객들에게 또 다른 볼거리를 제공한다.

아는 것이 없었는가를 보여준다.

1989년 10월 28일 제주시 아라동 관음사 경내에는 당시 제주도지사와 제주시장을 비롯한 도내 기관장, 중앙일간지의 사장 등 300여 명이 운집한 가운데 전국 8도의 까치 방사라는 행사가 아주 성대하게 열렸다. 이날 행사에서는 제주시 아라초등학교를 까치 보호 학교로 지정했을 정도였다.

그로부터 만 13년이 지난 2002년, 결론적으로 말해 까치 방사는 생태계를 교란시키는 최대의 실수로 평가되고 있다. 실제로 1998년부터 한전과 일부 농가에서는 까치와의 전쟁을 선포했을 만큼 그 피해가 확산되었다. 1989년 당시 까치를 제주에서도 볼 수 있게 만들자는 찬성론자들의 큰 목소리에 비해 환경 파괴 우려를 걱정하는 반대론자들의 목소리는 상대적으로 미약할 수밖에 없었다.

한 동물학자는 1990년 3월 한 신문에 "아침에 까치가 울면 반가운 소식이 온다고 했는데 아침마다 까치가 울어 우리 제주도에 반가운 소식, 복음의 소식만 들려올 수 있게 둥지를 틀고 알을 까고 번식하게 될 그날은 언제쯤일까"라며 최상의 어법을 써가며 까치를 노래했다.

이와는 달리 월간 『새』 1989년 11월호에는 '까치는 제주도로 가고 싶을까' 란 기사를 통해 다른 의견이 피력되기도 했다. 까치를 어느 한 지역에 이입할 경우 수년간에 걸쳐 그 지역의 자연 생태, 까치의 행태, 먹이 사슬 등을 연구한 뒤 문제점과 다른 종의 생태계에 끼치는 영향 등이 면밀히 검토되어야 한다는 내용이었다.

어쨌든 까치는 이후 3차례에 걸쳐 46개체가 방사됐다. 이후 한동안은 방사 지점인 관음사 인근에서만 발견되다가 1989년 말부터 산천단과 제주대학교, 축산진흥원의 목장으로 점차 확대되기에 이른다. 이어 1990년 4월 제주대학교의 옥상 철탑을 비롯한 4개소에서 까치가 둥지를 튼 모습이 처음 이 행사를 주관했던 「일간스포츠」의 사회면에 대대적으로 보도됐다.

이보다 앞서 제주도는 1963년 국제조류보호위원회 한국 지부에서 한반도의 까치 8마리를 제주시 삼성혈의 숲 속에 방사했으나 실패한 바 있다. 이에 대해 학자들은 당시는 천적 관계인 까마귀의 숫자가 많고 또 이들이 해발 200고지 이하에서 생활하기 때문에 까치가 생존 경쟁에서 밀려 도태된 것으로 추정한다. 그런데 1990년대 이후 까마귀의 숫자가 점차 감소하면서 이들의 생활권도 동부 지역 일부를 제외하고는 대부분 해발 300고지 이상으로 서식 환경이 변해 저지대를 중심으로 까치가 기하급수적으로 불어난 게 아니냐는 시각이 지배적이다. 실제로 방사 초기인 1990년 제주대학교 옥상 철탑에 까치가 둥지를 틀자 이 지역에 서식하던 까마귀 떼들이 알을 훔쳐먹으려고 둥지를 공격하는 모습이 자주 관찰되기도 했다.

그렇다면 기하급수적으로 늘어난 까치의 정확한 수효는 얼마나 될까? 1997년에 조사된 박행신·김완병의 논문 「제주도에 이입된 까치의 환경 적응에 관한 연구」에 따르면, 까치는 최초 방사 지점인 아라동을 중심으로 북서와 북동쪽 방향으로 멀리는 27.5km 지점에서까지 발견되었는데 이때 확인된 둥지의 숫자는 204개, 개체 수는 1,000여 마리로 추정되었다. 지역별로는 제주 시내 199개소 중 아라동이 50개소로 가장 많았고 조천 3, 애월 1, 구좌 1개소 등 시외에서 5개소가 발견됐다. 이들 대부분이 해발 300고지 이하로 인가에서 500m 범위 내였다. 또한 까마귀는 해발 300고지 이상에서 생활하는데 까마귀가 많이 서식하고 있는 구좌읍 세화리에서는 까치가 발견되지 않았다.

까치는 잡식성으로 농작물, 열매, 과일, 고기 부스러기 등 닥치는 대로 먹어 치운다. 심지어 덩치가 작은 새의 알과 갓 깨어난 어린 새들을 먹기도 한다. 또한 지능이 높고 아주 약삭빨라 인가 주변에서 쫓아내기도 쉽지 않다. 까치는 한해에 한 번 번식하는 데 보통 5~6개의 알을 낳는다.

이렇게 보면 천적 등에 의해 적정 개체가 유지되지 않는 한 까치는 기하급수적으로 늘어날 수밖에 없다. 1998년에 3,000여 마리로 추정되던 까치가 최근에는 5,000~7,000여 마리에 이르는 것으로 한국전력에서는 추정하고 있다. 이에 따른 각종 피해도 하나둘 현실화돼 정전 등으로 한전이 입는 피해액만도 5억 원이 넘는 것으로 추산한다. 제주시와 북제주군 내의 단감과 배 재배 농가에서도 까치로 인한 피해가 많아 결국 제주시와 북제주군에서는 까치를 유해 조수로 지정, 포획 허가를 내주는 상황에까지 이르렀다.

야생하는 특정 조류의 개체 수를 인위적으로 조정하려는 생각 자체가 생태계를 이해하지 못한 발상이라고 하기에는 우리가 감내해야 할 피해가 너무 크다. 제주 땅에서 까마귀와 직박구리 등 토종을 몰아내고 새롭게 주인 행세를 하고 있는 까치를 통해 인위적인 자연 생태계 변화가 얼마나 많은 문제를 안고 있는지를 다시금 생각하게 된다.

제주학의 선구자, 석주명

제주도의 식물 연구가 나카이를 비롯한 일본 학자들에 의해 시작되었다면 나비를 비롯한 제주의 곤충은 나비 박사로 잘 알려진 석주명(1908~1950) 선생에 의해 집대성되었다.

석주명 선생은 28세 때인 1936년 나비 채집을 목적으로 제주도를 찾은 이후 1943년 서귀포에 위치한 생약연구소 제주시험장에서 2년 1개월간을 근무하면서 본격적으로 제주도에 대한 연구 활동을 했다. 길지 않은 체재 기간임에도 불구하고 선생이 이룬 업적은 상상을 초월한다. 이 성과물이 제주도총서 1권인 『제주도방언』(1947)을 비롯해 제주도총서 2권 『제주도생명조사서—제주도인구론』(1947), 제주도총서 3권 『제주도관계문헌집』(1949)으로 발간되었고, 4권 『제주도 수필—제주도의 자연과 인문』, 5권 『제주도곤충상』, 6권 『제주도자료집』은 선생의 사망 이후에 동생인 석주선 박사에 의해 발간되었다.

석주명 선생은 제주도에서 근무하면서 제주 나비 중 미기록종인 제주도꼬마팔랑나비, 제주왕나비, 영주왕나비 등을 채집, 학계에 보고했다. 제주왕나비는 한국의 다른 지역에서는 관찰되지 않는 특산종이며, 영주왕나비는 우아하고 아름다운 모습이 제주도를 대표할 만하다고 하여 그렇게 이름붙였다.

오늘날 관광 제주를 이야기할 때 많은 사람들이 노란 유채 물결을 먼저 떠올리는데 유채를 제주도에 들여온 사람도 석주명 선생이었다. 선생이 "나는 제주도에 관심을 가진 사람의 하나다. 무엇을 보든지 제주도에 관한 것이면 수집 정리하는 것이 나의 연구 테마의 하나다"라고 말했듯이 제주도의 인문·사회·자연과학 등 모든 분야가 선생의 연구 대상이었다. 그렇기에 오늘날 석주명 선생을 추모하며 '제주학(濟州學)의 선구자'란 호칭을 붙인다.

산악인으로서의 석주명 선생의 업적도 빼놓을 수 없는데 개성의 송도중학교에서 교사로 재직할 때 겨울 등반에 나섰다가 조난당한 이를 구조하여 신문에 보도되기도 했다. 선생의 산악 활동은 해방 이후 조선산악회 학술담당이사, 한국산악회 부회장 등을 맡은 것으로 이어졌다.

제2부 설화와 역사가 만나는 한라산

한라산 자락에서 이처럼 척박한 땅을 일구며 고난의 삶을 살아왔던 제주의 선인들은 돌담을 쌓았던 지혜만큼이나 다양한 역사와 설화, 신앙을 만들어냈다. 그들에게 한라산은 고난을 안겨준 매개이기도 했지만 한편으로는 경외의 대상이요, 감히 넘볼 수 없는 신앙의 대상이기도 했다. 그 결과로 그곳에서 1만 8,000이나 되는 신들이 태어나 민중들을 보살펴왔고, 또한 수많은 사찰과 신당이 자리잡았다. 한라산은 제주 땅에서 살아야 했던 민중들에게는 삶의 철학이 담긴 신앙의 대상이었지만 외지인들에게는 또 다른 모습으로 다가간다. 절경을 뽐내는 명승지로서 누구나 한 번은 오르고 싶은 유람의 대상으로 바뀌는 것이다.

제주도는 화산섬이다. 그리고 한라산이 섬의 중심에 있다. 화산 활동으로 생겨난 섬이기에 제주도는 가는 곳마다 돌로 뒤덮여 있다. 섬 자체가 돌로 이루어져 있다고 할 수 있다.

돌, 바람, 여자가 많다 하여 삼다도로 불리는 제주도에서는 예부터 돌과 바람을 어떻게 극복해내느냐 하는 것이 생존과 직결된 매우 중요한 문제였다. 지금이야 관광으로 높은 소득을 올리고 있지만, 옛날 농경사회에서 밭에 돌이 많다는 것은 그만큼 땅이 척박하고 농사를 짓는 데 장애 요인으로 작용했다. 밭에 씨를 뿌리려면 땅을 갈아엎어야 하는데 돌이 많으면 그만큼 작업이 힘들어진다. 그리고 밭의 경계가 없으면 사유 재산의 개념이 모호해지는데, 여기에서 이러한 문제를 근본적으로 해결해준 것이 돌담이다.

제주도의 돌담은 어찌 보면 그냥 아무렇게 쌓아올린 것처럼 보인다. 하지만 큰 바람에도 무너지지 않는다. 돌담이 쉽게 무너지지 않는 비결은 바람의 특성을 이해한 후에 쌓았기 때문이다. 제주 사람들은 돌담을 다 쌓은 후 한쪽에서 흔들었을 때 돌 전체가 흔들거려야 제대로 쌓은 돌담으로 인정해준다. 그렇지 않으면 바람에 바로 무너져버리기 때문이다. 돌담에는 불어오는 바람을 찢는 파풍 효과(破風效果)가 있다. 즉 돌과 돌 사이의 틈을 통해

서 바람이 찢어지면서 그 세력이 약해진다는 것이다. 만약 바람이 불어 담이 무너지면 그 너머에까지 영향을 주는데 이때 담 높이의 두 배나 되는 범위까지 그 힘이 작용해 농작물에 피해를 준다.

한라산 자락에서 이처럼 척박한 땅을 일구며 고난의 삶을 살아왔던 제주의 선인들은 돌담을 쌓았던 지혜만큼이나 다양한 역사와 설화, 신앙을 만들어냈다. 그들에게 한라산은 고난을 안겨준 매개이기도 했지만 한편으로는 경외의 대상이요, 감히 넘볼 수 없는 신앙의 대상이기도 했다. 그 결과로 그곳에서 1만 8,000이나 되는 신들이 태어나 민중들을 보살펴 왔고, 또한 수많은 사찰과 신당이 자리잡았다.

한라산은 제주 땅에서 살아야 했던 민중들에게는 삶의 철학이 담긴 신앙의 대상이었 지만 외지인들에게는 또 다른 모습으로 다가간다. 절경을 뽐내는 명승지로서 누구나 한 번 은 오르고 싶은 유람의 대상으로 바뀌는 것이다. 조선시대 제주에서 목민관으로 재임했던 수많은 선인들도 한라산을 오른 후 그 감회를 시로 남기곤 했는데, 여기서는 그 대표적인 작품 10여 편을 소개했다.

설화의 땅, 한라

신이 태어난 땅

한라산을 등뒤로 하고 광활한 태평양을 바라보며 살아야 했던 제주 사람들에게 한라산은 어떤 모습으로 비춰졌을까? 대자연의 위대함, 그리고 어머니 산에 대한 경외감과 함께 고난의 삶을 살아야 하는 현실에서 신이 태어난 곳으로 여겨, 의지하며 신성시해왔음을 알 수 있다.

하지만 한라산이 항상 제주 사람들에게 희망의 메시지만 주었던 것은 아니다. 현실에서 겪은 불행한 삶을 제주 민중들은 한라산의 자연 하나하나에 빗대어 이야기를 전하는데, 그 대표적인 것이 설문대할망 설화와 고려 때 중국이 호종단(胡宗旦)을 파견해 한라산의 지맥을 파괴했다는 설화이다. 이외에도 한라산의 아흔아홉골에 관해서는 주변 강대국에 의해 제주의 기상이 좌절되었다는 내용의 이야기도 전해진다. 완전한 숫자인 100이 아닌 하나 모자라는 99라는 숫자의 개념을 통해 미완성의 상태로 현실의 어려움을 겪게 된다는 것이다.

흔히들 민중은 역사의 주체라고 말하지만 역사의 주체로서 민중의 구체적인 삶이나 그들의 사상에 대한 자료는 거의 남아 있지 않다. 이런 상황에서 설화는 자신들의 의사를 전달할 도구를 갖지 못했던 민중들의 꿈과 희망을 담고 자연 발생적으로 전해 내려

한라산 일출 안덕면 사계리에서 본 한라산의 일출로, 형제섬으로 해가 떠오르는 모습이 장관이다.

왔다.

특히, 제주도에는 날개 달린 아기장수 설화가 많이 전해오는데, 그 내용을 보면 육지부의 설화와 비슷하다. 힘이 천하장사이고 겨드랑이에 날개가 달려 있는 아기장수가 있었는데, 그 꿈을 펴지 못한 채 훗날 역모를 꾀할 사람이라고 믿는 부모에 의해 날개가 잘려나간다. 결국 평범한 삶을 살아야만 하는 비극의 주인공이 된다. 변혁을 갈구하는 민중들이 또다시 좌절을 겪고 새로이 태어날 아기장수가 오기를 기원하는 것은 미륵 신앙과 비슷하다.

신과세제 구좌읍 송당리 본향당에서 신에게 1년의 안녕을 기원하는 당굿을 벌인다.

　그래서 지금도 어려움을 당하면 제주 사람들은 한라산신과 함께 산 중턱에 잠들어 있는 조상들에게 제사를 올린다. 육지부 사람들에게는 세계적인 관광지인 제주도에서 그것도 꿈의 21세기를 목전에 둔 오늘날, 제주 사람들이 한라산신을 여전히 자신들과 함께 살아 숨쉬고 있는 존재로 믿고 있다는 사실이 이해되지 않을지도 모른다.

　하지만 매년 초 마을 사람들은 신과세제(神過世祭)라 하여 마을의 본향당에 모여 당신에게 1년의 안부 인사와 함께 가정의 안녕을 기원한다. 목장에서는 7월 백중(음력 칠월 보름날)에 오름 정상에 올라 한라산의 목축신에게 '테우리코시'라 불리는 기원제를 드린다. 무속에서도 산신놀이라 하여 산신에게 올리는 기도가 따로 존재하고, 사찰에는 산신각이 도량 한 모퉁이를 차지하고 있다. 한라산은 예나 지금이나 변함없이 제주 사람들의 심성 한가운데에 자리하고 있다.

천지개벽 신화

아주 먼 옛날 천지가 뒤섞인 혼돈의 시대에 차차 붉은 기운이 돌며 하늘과 땅이 갈라지며 별들이 생겨났다. 그 가운데 창조의 신인 천지왕이 해와 달을 각각 두 개씩 만들어 천지가 개벽하게 되었다. 그러나 해가 둘인 관계로 낮에는 너무 덥고 밤에는 달이 두 개나 떠서 너무나도 추웠다. 그리고 인간과 귀신의 구분이 없고 동물과 식물이 다 말을 하는 등 세상은 혼란스러웠다.

천지왕은 이것이 늘 걱정이 되어 근심하다가 땅 위의 모든 무질서를 바로잡고자 인간 세계로 내려왔다가 총맹 부인과 결혼하여 부부가 되었다. 천지왕은 인간 세상에서 며칠간을 지내다가 다시 하늘의 일이 걱정되어 하늘나라로 올라가게 되었다. 이때 천지왕은 총맹 부인에게 이르기를 "얼마 후면 아들 쌍둥이를 낳을 것이니 첫째 아들은 강씨 대별왕, 둘째아들은 풍성소별왕이라 이름을 지어라" 했다.

총맹 부인이 천지왕에게 어떤 징표라도 달라고 애원하자 천지왕은 박씨 두 개를 주며 "아들들이 나를 찾거든 돼지날〔亥日〕에 이 씨를 심으면 방법이 있을 것"이라 말하고는 하늘로 올라가버렸다.

천지왕의 말대로 총맹 부인은 열 달이 되자 아들 쌍둥이를 낳았다. 아이들은 자라면서 글 공부와 활쏘기를 열심히 했다. 하지만 주위에서 "아비 없는 자식"이라고 자꾸 놀려대자 아들 형제는 어머니에게 아버지에 대해 묻게 되었다. 어머니에게 얘기를 들은 두 형제는 아버지에게서 받은 박씨를 정성스레 심었고 싹이 튼 박은 그 줄기가 끝없이 올라가 하늘에 닿았다. 아이들이 박의 줄기를 타고 올라가보니 줄기는 천지왕의 의자 밑으로 연결돼 있었다. 아들 형제는 이때부터 하늘나라에서 아버지인 천지왕과 생활하게 된다.

자식들이 다 자라자 천지왕은 큰아들에게는 이승을, 작은아들에게는 저승을 맡겨 다스리게 했다. 그런데 동생인 풍성소별왕이 욕심이 생겨 이승을 차지하기 위한 꾀를 부리게 된다. 먼저 수수께끼 내기를 했지만 동생이 계속해서 지자 마침내 동생은 꽃씨를 심어 잘 자라는 사람이 이승을 다스리자고 제안했다. 이번에도 형의 꽃이 잘 자라자 동생은 형이 잠든 틈을 이용해 자신의 꽃과 형의 것을 몰래 바꾸고는 형에게 자신이 이겼다며 이승을 요구하고, 마음씨 착한 형은 동생에게 이승을 다스리게 하고는 자신은 저승을 다스렸다.

하지만 풍성소별왕이 이승을 다스리기에는 역부족이었다. 마침내 형에게 도움을 청

사라오름과 성널오름 백록담 동쪽 정상에 서면 한라산 동부 지역이 한눈에 들어오는데 바로 앞에 보이는 것이 물을 담고 있는 사라오름이고 그 너머로 성널오름, 물오름 등이 펼쳐진다.

하게 되고 강씨대별왕은 활을 쏴서 해와 달을 하나씩 없애 너무 덥고 너무 추웠던 날씨를 바꾸었다. 그리고 송피가루 다섯 말 다섯 되를 세상에 뿌려 모든 동물과 식물이 혀가 굳어져 말을 못하게 만들었고 사람들만 말을 할 수 있게 하였다. 이어 무게를 달아 사람과 귀신을 구분하자 대강의 질서는 잡혔다. 하지만 사람과 사람 사이의 혼란은 그대로 내버려두었다. 따라서 오늘날에도 세상에는 싸움과 강도질, 도둑질, 약탈 등 사회 문제가 계속해서 벌어지고 있다는 것이다.

천지왕본풀이라 불리는 이 신화는 제주도에서 하는 큰 굿의 맨 첫 부분인 초감제의 내용이다. 무당(심방이라고도 부름)은 초감제를 통해 모든 신들을 청해 들이는 의식을 하는데, 이때 처음 하늘이 열리는 시점에서부터 오늘 이 순간까지 이르는 과정을 읊어나간다. 천지개벽 신화를 지구상의 좁은 땅 제주도 사람들이 만들어냈다는 사실이 경이롭기까지 하다.

한라산을 만든 여신, 설문대할망

옛날 한라산에는 설문대할망이라는 거대한 여신이 살고 있었다. 이 할망은 몸집이 얼마나 컸는지 한라산을 베개삼아 누우면 다리가 제주해협에 있는 관탈섬에 걸쳐졌고 빨래를 할 때면 한라산을 엉덩이로 깔고 앉아 한쪽 다리는 관탈섬에, 다른 쪽 다리는 마라도에 디디고 우도를 빨래판으로 삼았다고 전한다. 또 힘이 얼마나 셌는지 삽으로 흙을 7번 파서 던지니 한라산이 만들어졌다고 한다. 제주도 곳곳에 산재한 오름들도 설문대할망이 치마에 흙을 담아 옮기는 과정에서 치마의 찢어진 틈으로 떨어진 흙덩어리가 만들어낸 것이라고 전해진다.

지금도 제주도 곳곳에는 설문대할망과 관련된 지명들이 많이 전해지는데, 예를 들면 성산일출봉에 있는 등경돌[燈擎石]이 그것이다. 일출봉 정상으로 오르는 계단 옆에 우뚝 솟은 바윗돌이 있다. 이는 설문대할망이 바느질을 할 때 접싯불을 켰던 곳이라고 한다. 불을 켰던 곳이기 때문에 등경돌이라 불리게 됐다.

일출봉과 한라산　제주도의 동쪽 끝자락인 일출봉에서 바라본 한라산. 일출봉 정상으로 오르는 계단 옆으로 우뚝 솟은 바위가 있는데 이는 설문대할망이 접싯불을 켰던 곳이라 전해진다.

　　몸집이 유난히 큰 설문대할망이기에 옷을 만들어 입는 것이 고역이었다. 그래서 하루는 사람들에게 자신의 속옷을 만들어주면 제주에서 육지까지 다리를 만들어주겠다고 제안했다. 사람들은 기쁜 마음에 힘껏 명주를 모았다. 설문대할망의 속옷 한 벌을 만드는 데는 명주 100동(1동은 50필)이 필요했다. 사람들은 이를 구하려고 동분서주했으나 제주도에 있는 모든 명주를 모아도 99동밖에 안되었다.

　　설문대할망은 처음에 다리를 만들다가 제주 사람들이 약속을 지킬 수 없게 된 것을 알고는 작업을 멈추었다. 지금도 남아 있는 당시의 흔적이 조천읍 조천리와 신촌리 사이의 바다로 향한 바위들이라고 말한다.

　　제주 사람들이 그려낸 설문대할망의 최후 또한 매우 신비롭다. 아이러니하게도 설문대할망은 자신이 만든 한라산으로 영원히 돌아가게 된다. 하루는 설문대할망이 제주도의 물의 깊이를 재보려고 제주시 앞 바다의 용두암 근처에 있는 용연에 들어섰는데, 물이 무릎까지밖에 차지 않았다. 더 깊은 곳을 찾아 마침내 한라산 중턱의 물장올에 들어갔다가 너무 깊어 그만 빠져 죽는다. 그래서 지금도 제주 사람들은 물장올을 가리켜 '창 터진 물'이라 하여 바닥 끝이 없다고 말한다.

한라산신제

신당(神堂) 설화의 압권은 광양당신(廣壤堂神) 설화로, 광양당은 제주시 이도동 광양에 있었던 당(堂)이다. 지금은 제주시청이 위치한 제주 시내 중심가로 변해 그 자취는 사라졌지만 『동국여지승람』이나 『탐라지』 등 문헌에도 나올 정도로 큰 당이다. 옛 문헌에서는 광양당을 한라산신이 좌정한 한라산 호국신사(漢羅山護國神祠)라 칭하고 있다.

전하는 이야기를 종합하면 옛날 제주도는 뛰어난 인물이 끊임없이 태어나는 명당을 수없이 많이 가진 땅으로 인식되었다. 세상을 뒤엎을 인물이 나올 것을 안 중국 송나라의 황제가 호종단(고종달이라고도 전해짐)이라는 주술사를 보내 명당의 혈(穴)을 없애라고 명했다. 제주도로 향한 호종단이 처음 도착한 곳은 구좌읍에 위치한 종달리였다. 호종단은 제주도를 한 바퀴 돌며 차례차례 혈을 없앴고 이 과정에서 대부분의 명당은 이때 호종단에 의해 파헤쳐진다.

제주도의 물혈을 거의 끊은 호종단이 중국으로 돌아가기 위해 배를 타고 가는데, 호종단의 행동에 분노를 느낀 광양당신, 즉 한라산신이 매로 변하여 폭풍을 일으켜서 배를 침몰시켜 호종단을 수장시킨다. 이를 가상하게 여긴 고려 조정에서 광양당신에게 광양왕(廣壤王)이라는 작위를 봉하고 매년 향과 폐백을 내려 제사를 지내게 했다.

이와 비슷한 기록이 『고려사』에도 나온다. 1253년(고종 40) 10월 무신에 국내 명산과 탐라의 신에게 각각 제민(濟民)의 호를 내리고 춘추로 국태민안을 기원하는 산신제를 올리게 하였다고 기록되어 있다.

고려 때부터 시작된 한라산신제는 백록담에서 치러지다가 1470년 제주로 부임한 이약동(李約東, 1416~1493) 목사에 의해 산천단으로 제단이 옮겨진다. 한라산신제를 지내기 위해 많은 백성들이 백록담까지 올라가야 했고 그 도중에 추위에 얼어 죽는 사람이 많아 산천단으로 옮긴 것이다.

1601년 한라산 백록담에서 한라산신제를 지낸 김상헌은 『남사록』에서 "백록담 북쪽 모퉁이에 단이 있으니 본주(本州)에서 늘 기우(祈雨)하던 곳이다. 밝을 무렵에 제사를 지내었다. 제사가 끝나자 봉두(烽頭)에 올라 사방을 둘러보았다"라고 기록하고 있다.

지금도 매년 정월 초에 제주시 아라동 산천단 주민들은 산천단 곰솔나무 밑 한라산신 제단에서 산신제를 지낸다. 또한 제주의 가장 큰 축제인 한라문화제 때도 산천단에서 한라산신제를 지내는 것을 시작으로 축제가 진행된다.

원래 산천단에는 이약동 목사가 세운 묘단(廟壇)과 함께 '한라산신선' 비(碑)가 있었다고 전해지나 당시의 비들은 모두 없어졌다. 지금 묘단 옆에 세워진 '한라산신고선' 비와 동강난 기적비(紀蹟碑)는 조선시대 말 이후에 지방 유지들에 의해서 세워진 것이다. 이 비석들도 중간에 없어졌던 것을 다시 찾아 세운 것이다.

1989년에는 제주 지방의 문화 예술인들과 이 목사의 후손들인 벽진이씨 문중회(碧珍李氏門中會)가 공동으로 '목사 이약동 선생 한라산 신단기적비'(牧使李約東先生 漢拏山神壇紀蹟碑)와 묘단을 새로 건립, 오늘에 이르고 있다.

그렇다면 처음에 산신제를 올렸던 백록담 북쪽 모퉁이란 어디를 말하는 걸까? 현재 백록담의 구조를 보면 정북에는 바위가 하나도 없고 지대 또한 낮다. 관음사 코스로 내려가는 동북쪽이 높고 바위들이 즐비한데 이곳이 한라산신제를 지냈던 곳이라 추측한다. 바위가 뾰족뾰족 즐비하게 늘어선 모습이 장관을 이루는데 그 가운데 평평한 지대가 곧 제단이 있었던 곳이라는 것이다.

산방산의 전설

남제주군 안덕면에 가면 산방산이라는 바위산이 있다. 제주도에서는 유일하게 둥근 표주박을 엎어놓은 것과 같은 모양을 하고 있는데 백록담 분화구와 대비되는 전설을 간직하고 있다.

옛날 어떤 사냥꾼이 한라산에 사냥을 나갔다가 도망치는 백록을 쫓아 백록담까지 오르게 되었다. 백록담 부근에서 백록을 발견한 사냥꾼은 화살을 쏘았다. 그러나 사냥꾼이 쏜 백록은 옥황상제가 타고 다니는 백록이었기에 옥황상제의 노여움을 사게 되었다.(일설에는 한라산이 워낙 높아 하늘과 닿아 있었기에 사냥꾼이 백록을 향해 날린 화살이

송악산과 한라산 제주도 서쪽 끝에 있는 대정의 송악산에서 본 한라산. 송악산에 오르면 산방산과 한라산, 가파도, 마라도까지 한눈에 들어온다.

그만 실수로 옥황상제의 엉덩이를 맞추었다는 이야기가 전해짐)

　머리끝까지 화가 난 옥황상제는 백록담 봉우리를 한 움큼 집어들고는 사냥꾼이 있는 서쪽으로 던졌는데 그것이 산방산이 되고 백록담은 분화구가 되었다는 것이다. 이 때문에 산방산은 다른 오름들과는 달리 백록담처럼 바위로 이루어지게 되었다고 한다. 산방산을 뒤집어 백록담에 놓는다면 아마도 딱 들어맞을 것이라는 이야기가 전해진다.

오백장군이라 불리는 바위들

아주 먼 옛날 한라산에는 한 어머니가 500명의 아들을 낳아 함께 살고 있었다. 식구는 많은데 집은 가난하고 때마침 흉년까지 들자 어머니는 끼니 걱정을 하며 자식들에게 양식을 구해오라고 시켰다.

　자식들이 양식을 구하러 나간 사이 어머니는 아들들이 돌아와 먹을 죽을 가마솥에 끓이기 시작했다. 죽이 끓기 시작하자 죽을 젓기 위해 솥 위에 올라갔던 어머니는 그만 발을 잘못 디뎌 솥에 빠져 죽고 말았다. 500명이 먹을 죽을 끓이는 솥이었으니 그 크기가 어마어마하게 큰 데서 생긴 일이었다.

　이러한 사실을 모른 채 아들들은 집으로 돌아왔다. 어머니가 없자 죽을 만들어놓고

오백장군 어머니가 빠져 죽은 솥의 음식을 먹고는 울부짖다가 굳어져 바위가 되었다는 영실의 오백장군.

는 잠시 밖에 나간 것으로 여겨 맛있게 죽을 먹기 시작했다. 맨 마지막에 돌아온 막내
가 죽을 먹기 위해 솥을 젓다가 이상한 뼈다귀를 발견하고 잘 살펴보니 사람의 뼈였다.
마침내 전후 사정을 파악한 막내아들은 한없이 울면서 한경면 고산리 앞 바다로 달려
가 굳어져 바위가 되었다고 한다. 차귀도의 바위가 그것이다. 그때서야 형들도 그 사실
을 알고 통곡하면서 하나 둘씩 굳어져 바위가 되니 이것이 한라산 영실의 오백장군이
다. 오백장군이라 불리고는 있으나 실제로 그 숫자를 세어보면 499라고 한다.

　지금도 흐린 날 영실에 가면 골짜기에서 웅웅거리는 소리가 들리는데 바위로 굳어진
아들들의 통곡 소리라고 사람들은 여기고 있다.

아흔아홉골 한라산에서 가장 오밀조밀한 골짜기의 모습을 보여주는 아흔아홉골은 100개의 골짜기에서 하나가 없어지면서 아흔아홉 개가 되었다.

미완성의 상징, 아흔아홉골

옛날 제주에는 호랑이와 사자 같은 맹수들이 많아 사람을 못 살게 굴며 날뛰고 있었다. 그러던 어느 날 중국에서 한 스님이 건너와서 백성들을 모아놓고 이르길 "내가 너희들을 괴롭히는 맹수들을 없애줄 터이니 내가 시키는 대로만 하라"며 '대국 동물대왕 입도'(大國 動物大王 入島)라 외치게 했다.

호랑이와 사자와 같은 맹수들을 없애준다기에 사람들은 좋아하며 스님이 시키는 대로 외쳤다. 그러자 신기하게도 모든 맹수들이 한 골짜기에 몰려들었다. 이때 스님은 한참 불경을 외고 나서 동물들을 향해 "너희들은 모두 살기 좋은 곳으로 가라. 이제 너희들이 나온 골짜기는 없어지리니 만일 너희 종족이 다시 이곳에 오면 종족을 멸하리라"

라고 외쳤다. 그랬더니 호랑이, 사자, 곰 할 것 없이 맹수란 맹수는 그 골짜기와 함께 사라졌다. 그후부터 제주는 맹수도 나지 않을 뿐더러 왕이나 큰 인물도 나오지 않는 척박한 땅이 되었다.

한라산 북쪽 사면에는 아흔아홉골이라는 골짜기가 있는데 원래 이곳은 100개의 골짜기가 있었으나 이렇게 하나가 없어지면서 아흔아홉 개가 되었다는 것이다.

한라산에서 태어난 당신들

제주도의 민속 신앙은 1만 8,000이나 되는 신이 상주하는 곳이라거나, '당(堂) 오백 절〔寺〕 오백' 이라 하여 500개의 신당과 사찰이 있었다라는 식으로 그 다양함을 드러낸다. 이러한 마을의 수호신 격인 당신(堂神)에 연관된 신당 설화에 나타나는 대부분의 신들은 한라산에서 태어났다.

무당이 굿을 하기에 앞서 제사상 앞에서 신을 향하여 노래조로 부르는 것을 '본풀이' 라고 하는데 이 본풀이를 통해 우리는 신의 출생부터 시작하여 우여곡절 끝에 신으로서의 권위와 직능을 맡게 되는 과정을 알게 된다.

본풀이에 따르면 제주의 많은 신들이 한라산에서 태어났음을 알 수 있다. 대표적인 신으로 구좌읍 세화리 본향당의 우두머리 격인 천잣도는 '하라영산 백록담에서 부모 없이 저절로 솟아났다' 고 하고 서귀포시 호근동의 본향당신 애비국하로산또는 '하로영산에서 을축년 3월 열사흘 날 자시에 솟아났다' 는 식이다. 이밖에도 안덕면 사계리의 큰물당신도 한라산 서쪽 등성이에서 태어나 사냥을 하면서 살아갔고, 서귀포시 중문, 안덕면 상창, 남원읍 예촌 등 제주도 전역의 거의 모든 당신이 한라산에서 태어났다고 그 근본을 밝히고 있다.

천잣도: 구좌읍 세화리의 본향당신이다. 하라영산 백록담에서 부모 없이 저절로 솟아나 일곱 살부터 천자문을 시작으로 소학, 대학, 중용 등 학문을 익혔다. 열다섯 살에 어엿

한 선비로 자랐는데 문장이 뛰어나 옥황상제의 일을 보좌했다. 훗날 옥황상제의 명을 받아 세화리의 '손드랑마루'라는 곳에서 당신으로 좌정하게 되면서 마을 주민들의 출생, 사망, 생업 등 생활 전반을 관장한다.

애비국하로산또: 서귀포시 호근동의 본향당신이다. 을축년 3월 열사흘 날 자시에 하로영산에서 태어났기 때문에 하로산또라는 이름이 붙게 됐다. 하로영산에서 사냥하며 살아가다가 서귀포 쪽으로 하산, 호근동에 이르러 바둑을 두는 세 신선의 허가를 받아 호근동의 당신으로 좌정한다.

백관님과 ㅂㄹ뭇님: 의형제인데 형인 백관님은 남원읍 예촌(신예리, 하례리)의 본향당신으로 할로영산에서 솟아났다. 동생인 ㅂㄹ뭇님은 백록담에서 솟아났는데 훗날 서귀포시 보목동의 당신이 되었다.

울뢰마루하로산 아홉 형제: 할로영주삼신산 봉우리 서쪽 어깨에서 을축년 3월 열사흘 날 유시에 태어났다. 첫째는 울뢰마루하로산으로 성산읍 수산리의 당신이 되었고, 둘째인 제석천왕하로산은 애월읍 수산리, 셋째 고뱅석도하로산은 남원읍 예촌, 넷째 고산국하로산은 서귀포시 서홍동, 다섯째 동백자하로산은 서귀포시 중문동, 여섯째 동백자하로산은 서귀포시 하예동, 일곱째 제석천왕하로산은 대정읍 일과리, 여덟째 남판돌관고나무상태자하로산은 안덕면 상창리, 아홉째 제석천왕하로산은 서귀포시 색달동에 각각 좌정하여 당신이 되었다.

한라산의 명당
좋은 땅이란 어디를 말하는 것일까? 예부터 우리 선조들은 '인걸은 지령(地靈)'이라 하여, 좋은 땅에 조상의 묘를 쓰면 후손들이 발복하여 인재가 태어나거나 부자가 된다고 여겼다. 이러한 사상이 풍수인데 풍수란 물이 좋고 산세가 뛰어난 땅에 온화한 방위를 가려서 살아보자는 생각에서 나온 자연관이자 지리관이다. 풍수의 기본 구성 요소로는 산과 물, 방위를 꼽는데 여기에 사람을 포함시킨다.

제주도에서도 예부터 6대 명혈이라 하여 명당자리가 전해온다. 양택혈, 음택혈로 나누어 모두 12곳을 이야기한다. 먼저 양택혈로는 제1 구와랑(신제주), 제2 여호내(남원읍 신흥리), 제3 사반(안덕면 창천리), 제4 한교(한림읍), 제5 의귀(남원읍 의귀리), 제6 어도(애월읍 봉성리), 음택혈로는 제1 사라오름, 제2 개미목(개여목), 제3 영실, 제4 도투명, 제5 반득(남원읍 의귀리), 제6 반화(애월읍 지경)라고 전해진다.

심지어 한라산 영실에는 중국 송나라 때의 학자인 주희의 부친 무덤이 있다고 전해지기도 한다. 이밖에 한라산 관음사 등산로에 위치한 개미목에는 명당터와 관련하여 꿈을 이루지 못한 날개 달린 아기장수 설화가 전해 내려온다. 즉 이곳의 명당에 묘를 쓴 문씨라는 사람의 자손 중에 날개 달린 아기장수가 태어났지만, 그는 꿈을 펴지 못한 채 끝내는 좌절하게 되었다는 내용이다.

사라오름에 가보면 6대 명혈의 첫째에 걸맞게 1,324.7m의 높이임에도 불구하고 무덤 3~4기가 자리하고 있다. 겨울철 나뭇잎이 떨어지면 영실의 깊은 계곡에도 무덤 3~4기가 있는 것을 보게 된다. 심지어 백록담 북쪽 1,800m의 고산에까지 무덤이 있는 걸 보면 조상의 묏자리를 잘 써서 후손들의 발복을 비는 상주들의 심정이 헤아려진다.

하지만 학계에서는 제주도에서 사람이 죽었을 때 땅에 묻는 매장 제도는 조선 태종 때부터라고 말하고 있다. 그 이전까지는 풍장이라 하여 들판에 그냥 시신을 버렸던 것으로 알려져 있다. 이렇게 보면 제주도에서의 풍수 사상도 그 역사가 그리 오래되지는 않은 듯하다.

남극에서 뜨는 노인성

제주도는 한라산 백록담에서 남극 노인성을 볼 수 있는 곳이기 때문에 장수하는 노인이 많다고 예부터 전해져 내려왔다. 노인성은 서양별자리 중 용골자리의 '카노푸스' (Canopus)라는 별로서 남극 부근에서 뜬다. 우리나라에선 제주도 남쪽의 수평선 근처에서만 관측이 가능하다. 노인성은 전체 하늘에서 북반구의 큰개자리에 있는 시리우스 다음으로 밝은 별이다. 지름은 태양의 65배이고, 밝기는 태양의 1만 4천 배이며, 거리는 약 180광년에 위치한다.

노인성을 노성(老星) 또는 수성(壽星)이라고도 하며 서귀진에서도 볼 수가 있다고 했다. 노인성에 대해 이원조 목사는 『탐라록』(耽羅錄)에서 1841년 가을에 자신이 직접 관측한 것을 토대로 남남동쪽(丙: 168°)에서 떠서 남남서쪽(丁: 192°)으로 지는데 고도가 지면에서 3간(21°) 정도의 높이에서 보인다고 설명하고 있다. 기록에 따르면 심연원(沈連源, 1491~1558)과 토정비결로 유명한 이지함(李之菡, 1517~1578)이 노인성을 보았다고 전해지는데, 세종 때는 역관 윤사웅(尹士雄)을 파견하여 한라산에서 관측하게 했으나 구름 때문에 보지 못했다고 한다.

오현(五賢: 김정, 송인수, 김상헌, 정온, 송시열)의 한 사람으로서 1520년 제주에 귀양 왔던 충암 김정(金淨, 1486~1520)은 『제주풍토록』(濟州風土錄)에서 "노인성의 크기는 샛별만 하다. 남극의 중심에 있어서 쉽게 볼 수가 없는데 만약 이 별을 보게 되면 장수한다는 상서로운 별이다. 한라산과 중국의 남악에서만 이 별을 볼 수 있다"라고 했다.

이어 이원진 목사는 1653년에 간행된 『탐라지』에서 구체적으로 남극 노인성을 볼 수 있는 위치를 유추할 수 있는 시 한 수를 남겼는데 즉 「방암」(方巖)이다. "방암에 기대어 서니 개인 빛이 새로운데 / 사방이 바다로 둘러싸여 넓어도 나루가 없네 / 북극성 먼 곳에서 임금님 계신 곳 우러르고 / 남극이 밝을 때는 노인성을 바라보네"라 노래하고 있다. 『탐라지』에는 방암을 가리켜 "한라산 정상에 있다. 그 모양이 바른 네모꼴로 마치 사람이 파놓은 것과 같다. 그 밑에는 사초(沙草)가 길을 덮었고 향기로운 바람이 산에 가득하며 황홀하여 관현악 소리가 들린다. 전하는 말에 따르면 신선이 노는 곳이라 한다"라 하였다.

한라산의 일몰 제주섬의 동쪽 끝인 성산일출봉에서 바라본 한라산의 일몰이다.

　김상헌은 『남사록』에 "내가 이 지방 노인에게 물으니 남극 노인성은 오직 춘분과 추분 때에 날씨가 활짝 개어야 바라볼 수 있다"며 관측 시기를 구체화하였다. 또한 「노인성」이라는 제목으로 시 한 수를 지었는데, "남극에 신령스런 별이 하나 있는데 / 고성(古城) 남쪽에 예부터 이름이 있네 / 새벽에 바라보면 깨어진 달 조각인가 / 저녁에 밝은 등 불빛을 빼앗은 듯하네 / 왕도에선 국운이 형통할지 점을 치고 / 인가에선 오래 살지를 물어보네 / 형산과 한라산에서만 바라볼 수 있고 / 이밖의 다른 곳에선 바라볼 수조차 없네"라고 하였다.

　남극에서 뜬다는 노인성의 특성상 백록담에서 남쪽을 보았다는 것이 당연한데 남벽 정상에 바위 무더기가 있는 것을 보면, 여기서 말하는 방암이 이곳에 있는 바위를 말하는 것이라 할 수 있다.

참고로 방암에 명문이 새겨져 있었다는 이야기가 전해지는데 2000년 제주동양문화연구소가 조사한 바에 따르면, 글자의 흔적이 흡사 부적처럼 보이는 바위가 있지만 풍화가 심하여 판독이 불가능했다고 한다. 기회가 닿는다면 한 번 찾아보길 권한다.

슬픔의 역사를 간직한 제주

항쟁과 유배의 공간, 탐라

제주도의 역사는 고·양·부 삼을나가 삼성혈의 땅으로부터 솟아난 후 벽랑국에서 온 세 공주와 혼인하면서 시작되었다는 삼성신화로부터 비롯된다. 이때부터 900년이 흐른 후 인심이 모두 고씨에게 돌아왔으므로 고씨를 임금으로 모시니 곧 탁라(乇羅)라 하였다고 『영주지』(瀛州誌)는 전한다.

그런데 1973년에 펴낸 족보인 『고씨세록』(高氏世錄)에서는 삼을나가 탐라국을 세운 연대를 기원전 2337년이라 밝히고 있다. 기원전 2337년이라면 단군 왕검이 아사달에 고조선을 세운 때(기원전 2333년)보다도 4년이나 앞서게 된다. 물론 어디까지나 신화로서 전해지는 이야기이다.

『고려사』 등 역사 기록에 따르면 고을나의 15대손인 고후 삼형제가 신라에 입조하여 조공을 바쳤는데 이때가 "신라의 전성시대였다"고 한다. 고후 삼형제는 신라 왕실로부터 각 성주, 왕자, 도내의 벼슬을 받게 된다. 탐라와 한반도의 첫 인연을 맺게 된 것이다. 『삼국사기』(三國史記)에는 탐라가 처음에는 백제를 섬기다가 백제가 망한 후에 신라를 섬기게 되었다고 기록하고 있다.

고려가 개국하자 처음에 탐라는 고려에 예속되기를 거부했다. 고려에서 군사를 보내

운무 속에 가려진 백록담의 기암 괴석 백록담의 북쪽에 있는 기암 괴석들. 조선시대까지는 이곳에서 한라산신제를 지냈다.

서 치려고 하자, 탐라왕 고자견(高自堅)이 굴복하고 태자 말로를 보내어 입조(入朝)한 것으로 보인다. 이때가 고려 태조 21년인데 태조는 탐리왕 고자견에게 성주를, 왕구미란 인물에게 왕자의 벼슬을 내렸다. 이후 대가 바뀔 때마다 한 차례씩 입조하였다. 독립된 하나의 나라였던 탐라는 1105년인 고려 숙종 10년에 고려의 한 군(郡)으로 편입된다. 탐라국에서 고려의 탐라군으로 강등된 것이다. 1161년에는 최척경(崔陟卿)이 탐라군을 다스리는 관리로 부임하는데 그는 제주도 사람이 아니면서 제주도를 다스린 첫 번째 인물이다.

이어 탐라의 역사에서 하나의 큰 전환기가 되는 사건이 발생했다. 삼별초의 항쟁과 100년에 이르는 몽골의 지배다. 몽골에 항복하기를 거부한 삼별초군은 진도를 거쳐 1271년 제주도에 진지를 구축하게 되는데 이것이 곧 애월읍 고성리에 있는 항파두리

성이다. 김통정(金通精, ?∼1273) 장군의 지휘 아래 이곳에서 3년여에 걸쳐 대몽 항쟁을 펼쳤던 삼별초군은 1273년 고려의 김방경(金方慶, 1212∼1300) 장군과 몽골의 흔도가 지휘하는 여몽 연합군에 의해 무너지면서 삼별초의 대몽 항쟁도 끝을 맺게 된다. 이 과정에서 탐라는 삼별초로 대표되는 개성의 중앙 문물이 전래돼 지방 문화에 큰 영향을 끼치게 되는데 벼농사도 이때 전해진 것으로 알려졌다.

삼별초의 항쟁을 무력으로 진압한 몽골 정부는 이곳에 탐라총관부를 설치했는데, 이후 탐라는 1294년부터 1374년까지 즉 최영 장군이 제주에서 일어난 목호(牧胡: 몽골의 목자)의 난을 평정할 때까지 약 100년에 걸쳐 몽골의 지배를 받게 된다. 이 기간 중 몽골은 수산평(성산읍 수산리)에 목마장을 설치하고 몽골 말 160마리와 소, 나귀, 양, 낙타 같은 가축을 들여와 방목하고 벼슬아치를 파견하여 이를 관리하게 한다. 오늘날까지 이어지는 제주의 말 방목은 이때부터 본격적으로 시작되었다.

원나라가 제주도를 지배할 당시 제주에서의 말 기르기는 처음에는 해안 저지대에서 시작되었다. 조선 초에 말에 의한 밭농사의 피해를 고득종이 조정에 상소하자 말 방목은 광활한 중산간 지대로 옮겨지게 되었다. 이후 본격적으로 말을 관리하기 위한 수단으로 제주도 전역을 돌아가며 돌담을 쌓았다. 이것이 잣성이라 불리는 돌담이다. 돌로 쌓아올린 담장을 잣이라 하는데, 잣성은 고득종의 건의에 의해 해안의 목장들이 중산간 지대로 옮긴 이후 한라산을 중심으로 10소장으로 나누고 다시 이를 고도별로 상잣, 중잣, 하잣이라 하여 성을 쌓으면서 만들어졌다. 한라산 백록담을 정점으로 상중하 3단계로 원을 그리며 제주도 중산간을 20개의 목장으로 나눈 것이다.

탐라에서 제주라고 지명이 바뀐 것도 이 시기로, 몽골 정부로부터 형식적인 통치권을 회복한 고려 정부가 제주(濟州)로 바꾸었다. 비록 고려 조정의 일개의 군으로 강등되긴 했지만 탐라에는 엄연히 성주와 왕자 등 호족 신분이 고려 말까지 존재했었다.

조선이 개국한 후 1404년(태종 4) 중앙 정부는 제주에서 세습돼 내려오던 성주를 좌도지관(左都知管), 왕자를 우도지관(右都知管)으로 그 직위를 변경하였다. 그후 세종 27년에는 아예 이마저도 없애 성주와 왕자를 평민으로 만들었다.

조선시대의 제주는 유배지와 수많은 탐관오리의 횡포로 특징지을 수 있다. 몽골에서 이곳을 유배지로 삼은 이후 조선조 500년 동안 약 200여 명의 지식인이나 왕족 등이 죄인의 신분으로 이곳에서 유배 생활을 하거나 이곳에서 죽음을 맞았다. 척박한 땅을 일구며 살아야 했던 이곳의 민중들에게 더더욱 참기 힘든 것은 탐관오리의 횡포였다. 탐라국이 붕괴된 12세기 초부터 조선 말까지 이곳의 행정을 맡았던 목민관(牧民官)의 수는 약 500명에 이르는데 이 중 상당수가 탐관오리들이었다.

또 출륙금지령(出陸禁止令)이라 불리는 인구 통제 정책도 있었다. 제주 사람들이 계속되는 가뭄과 풍수해, 거기다 탐관오리의 착취와 부역에 시달린 나머지 최후의 수단으로 이 땅을 떠나려고 하자 이를 막기 위해 1629년(인조 7)부터 시행한 제도다. 이 기간 중 조정에 진상품을 가지고 가는 자를 제외하고는 그 누구도 제주를 떠날 수 없었을 정도라고 기록하고 있다. 얼마나 철저하게 통제를 가했는지 쉽게 짐작할 수 있다.

일제의 수탈 속에서

제주 사람들에게 있어 8·15해방의 의미는 육지부와는 다르게 다가온다. 단순하게 독립을 했다거나 일본 제국주의의 속박에서 벗어났다는 의미가 아닌 죽음의 문턱에서 살아났다는 의미를 담고 있다. 만약 일본이 반 년만 더 늦게 항복했다면 제주도는 오키나와나 유황도처럼 전쟁의 한복판으로 변해 불바다가 되었을 것이고 오늘날과 같은 한라산의 울창한 수림은 사라졌을지도 모른다.

이름하여 결7호작전. 오키나와전이 치열하게 벌어진 무렵인 1945년 4월 초 일본군 작전대본영 참모회의에서는 연합군이 일본 본토인 큐슈 북부로 진격해올 것을 예상하고 큐슈 북부로 오기 위해서는 중간 거점으로 제주를 이용할 것으로 추측한다.

연합군의 제주도 상륙 시기를 8월 이후로 예상한 일본군은 만주 지역에 주둔하고 있던 관동군 7만여 명의 병력을 제주도로 집결시키고 섬 곳곳에 각종 요새를 건설하기 시작했다. 제주도를 보루로 삼아 연합군의 일본 본토 진입을 막아내려는 일본군의 방

어 작전이 이른바 결7호작전이다. 1945년 초기까지만 해도 일본군은 연합군의 공격에 대비, 해안 방어 진지 구축에 주력했으나 점차 전세가 불리하게 돌아가자 한라산을 방어 진지로 해서 마지막까지 지구전을 펴겠다는 쪽으로 작전이 바뀌었다.

1945년 6월 미군의 B—29 폭격기가 제주도의 한림 등 일본군 시설에 대한 폭격을 시작하면서 일본군은 해안선을 포기한 채 중산간 지역에서의 유격전으로 시간을 벌고자 했다. 일본 본토를 지키기 위해 제주도를 희생양으로 삼겠다는 계획이었는데 예상과 달리 일본이 일찍 항복함으로써 제주도에서의 최후 일전은 다행히 피할 수 있었다.

한라산국립공원 관리사무소가 있는 어승생악의 1,169m 정상에는 시멘트 구조물이 흉물스럽게 북쪽을 향해 입을 벌리고 있는데 당시 일본군이 미군 폭격기의 공습에 대항하기 위해 만든 토치카(두꺼운 철근 콘크리트와 같은 것으로 공고하게 구축된 구축물) 시설이다.

일본군 제58군 지휘 본부가 있었던 어승생악은 정상에 두 개의 토치카 외에 오름 중턱에 지하 요새를 구축했는데 수백 미터에 이르는 미로형 진지 동굴이다. 지하 요새는 어승생악 북쪽 중턱에 지하 참호를 기준으로 양쪽에 입구를 두고 있는데 굴의 너비와 높이가 2m 규모이고 굴을 따라 약 30m 정도 들어가면 4~5m로 넓어지게 만들어져 있다. 이밖에도 관음사 주변, 녹산장 부근 등 제주도 내 중산간 곳곳에 거대한 진지를 구축했고 대부분의 오름 정상에는 토치카가 설치되어 있다. 특히 이중 분화구로 유명한 송악산은 당시에 오름 전체가 군사 기지로 변하기도 했다.

일본군은 미군이 상륙할 경우 제주도민들을 산으로 끌고 가 군과 행동을 같이 하도록 작전 계획을 세웠다. 만약 일본이 조금 늦게 항복해 연합군이 제주에 상륙했더라면 제주도의 운명은 달라졌을 것이다.

제주도 최대의 비극, 4·3항쟁

한라산에서의 최대 비극은 1948년 해방공간에서 좌우익 대립으로 일어났던 4·3항쟁이다. 한라산의 깊은 계곡과 오름, 동굴마다 아물지 않은 4·3항쟁의 살아 있는 역사와 함께 이름 없이 죽어간 영혼이 아직도 헤매고 있다.

1948년 4월 3일 500여 명의 무장대들은 '자주적 통일 정부 수립을 위하여 남한만의 단독선거를 반대한다. 경찰과 서북청년단을 추방하여 민중 생존권을 수호한다. 냉전기 반공주의적 세계 전략을 전세계에 확대하려는 미국에 반대한다'는 슬로건을 내걸고 봉기했다. 남한만의 단독 정부 수립을 반대하며 산으로 오른 좌익에 의해 경찰서 등이 기습을 당하고 이후 군인과 경찰을 비롯한 당국의 무차별적인 진압에 의해 수많은 민중들이 학살되는 참사를 겪었다.

1948년 4월 28일 국방경비대 제9연대와 게릴라 간의 평화 협상이 5·3사건으로 불리는 경찰의 방해로 결렬되고, 전국적으로 진행된 5·10단독선거에서 제주도 2개 선거구가 투표율 미달로 무효화된 이후 군경토벌대는 강경 진압에 나섰다. 이어 1948년 10월 17일 제주도 경비사령관 송요찬은 '해안선으로부터 5km 이상 떨어진 중산간 지대를 통행하는 자는 폭도의 무리로 인정하여 총살하겠다'는 포고문을 발표하고 중산간 마을 주민들에 대해 해안 마을로 이주하라는 포고령을 내렸다.

그러나 포고령이 제대로 전달되지 않은 상황에서 10월 23일 초토화 작전이 전개되었다. 100여 개의 중산간 마을을 불태우고 주민들을 학살하는 이른바 '빨갱이 사냥'이 벌어졌고, 하루에 100명 이상이 사살되었을 정도로 잔혹하게 이루어졌다. 주한미군사령부의 「4·3종합보고서」(1948년 4월 1일자) 중 정보참모부 보고서에는 "지난 한 해 동안 1만 4,000~1만 5,000명의 주민이 사망한 것으로 추정되며 이들 중 최소한 80%가 군경토벌대에 의해 사살되었다"고 기록하고 있다.

봉기한 무장대는 한라산으로 들어가 게릴라가 되었고 주민들은 생존을 위해 어린이, 노약자까지 산속에서 지내야만 하는 처지가 되었다. 군인과 경찰은 무장대를 토벌하기 위해 한라산으로 들어와 연일 총성이 멈추지 않았다. 계속되는 토벌로 상당수의 제주도민들이 제주도에 태어났다는 이유만으로 무참히 학살되었다. 4·3항쟁이 진행되는 동안 희생된 사람은 3만 명 가까이 되는 것으로 추측한다. 당시 제주도 인구가 20만 명이었음을 감안하면 전체의 10% 이상의 사람들이 희생되었다는 결론이 나온다.

1948년에 내려진 소개령(疏開令: 중산간에서 해안 마을로 강제 이주를 명한 후 중산간 마을의 주택을 불태움)으로 제주도 중산간 마을은 사람이 살지 않는 곳으로 변했다. 마을 주민들이 좌익 무장대에게 식량과 피난처를 제공한다고 판단한 군경토벌대는 중산간 마을 주민들을 모두 해안 지대로 내려보낸 다음 마을 전체를 불태워버리는 이른바 초토화 작전을 자행해 중산간 마을은 폐허가 되었다. 그리고 주민들 대부분이 무차별

4·3항쟁으로 사라진 마을 제주도 최대의 비극인 4·3항쟁 당시 사라져버린 마을인 서귀포시 영남마을.

4·3항쟁의 아픈 흔적들 군경토벌대가 성을 쌓고 주둔했던 녹하지악 정상으로, 당시의 아픈 상처를 보여준다.

적으로 학살당하는 최악의 상황이 제주도 내 도처에서 계속 벌어졌다. 해안가 마을로 내려간 사람들 또한 움막에서 비참하게 살다가 1954년 가을 입산 금지가 풀린 뒤 자기 마을로 되돌아가 마을을 재건하게 된다.

정부기록보존소에 보관돼 있는 1955년의 난민 정착 자료에 따르면, 4·3항쟁의 이재민은 34개 리, 48개 마을, 2,074세대, 7,933명으로 기록돼 있다. 하지만 주민 대부분이 학살당한 마을의 경우는 이미 복구가 불가능한 상황이 되었다. 겨우 살아남은 사람들이 마을을 재건하고자 했으나 예전의 처절한 기억 때문에 본래의 마을로 들어가지 못하고 약간 떨어진 곳에 새롭게 마을을 조성하기도 했다.

제주4·3연구소가 조사한 4·3항쟁 당시 잃어버린 마을 현황을 보면, 제주시 29개 마

한라산개방평화기념비 4·3항쟁 당시에 철저하게 고립됐던 한라산은 난리가 끝나면서 개방됐는데, 1955년 이를 기념하여 백록담의 북쪽 능선에 기념비를 세웠다.

을을 비롯하여 서귀포시 2개 마을, 북제주군 35개 마을, 남제주군 11개 마을 등 77개로 나타난다. 특히 중산간 마을인 제주시 노형동의 경우 함박이굴, 방일리 등 8개의 마을이 없어졌고, 애월읍의 경우는 원동 마을 등 13개의 마을이 사라져버린 것으로 조사되었다.

지금도 한라산 자락에는 당시의 아픈 상처를 보여주는 유물, 유적이 곳곳에 있다. 국방경비대가 무장대를 토벌하며 쌓은 돌담이 남아 있는 주둔소도 한라산 동쪽의 수악주둔소를 비롯, 서쪽의 녹하지악, 남쪽의 시오름, 북쪽의 관음사 등 곳곳에 아직도 옛 모습 그대로 남아 있다. 특히 관음사와 수악주둔소, 녹하지악 정상의 주둔소는 지금도 해마다 4월이 되면 시민들이 4·3 역사 순례 장소로 많이 찾는다. 또한 무장대를 이끈 이덕구가 은신했던 괴평이오름 주변 일대도 답사 코스의 하나가 되었다.

무장대의 은신처도 간혹 발견되기도 하는데, 수악계곡의 바위 절벽 밑에 있다. 바위틈에 돌담을 쌓아 만든 공간으로 10여 명이 은신할 수 있으며 주의를 기울여야 찾을 수 있을 정도로 은폐되어 있었다.

1955년 9월 21일 제주도민들은 한라산의 정상인 백록담 북벽에 '한라산개방평화기념비'(漢拏山開放平和紀念碑)라는 비석을 하나 세웠다. 요즘 1년에 50만 명 이상의 등반객이 한라산을 오르는데, 그 많은 사람들 중 한라산 정상에 이처럼 아픈 역사를 담고 있는 비석이 한 쪽을 지키고 있는 것을 아는 사람은 드물다.

당시 한라산 개방을 제주도 전체가 얼마나 의미 있게 받아들였는지 느끼게 하는 부분은 한라산에 이를 기념해 정자를 만들었다는 점이다. 당시 제주도 경찰국장이던 신모 씨가 직접 나서서 지금의 관음사 일주문 동쪽 자리에 팔각정을 지어 영주장(瀛州莊)이라 명명한 것을 비롯하여, 영실의 자연보호헌장탑이 있는 위치에는 입승정(入乘亭)을 지었다. 백록담의 동릉에도 나무로 집을 지었다고 원로 산악인들은 말한다.

옛 지도 속의 한라산

지도는 집단 생활의 산물로 평면의 도면 위에 영역을 설정하고 방위를 기준삼아 주요 지형과 지점을 약속된 그림으로 표기한 것이다. 제주도 지도가 언제부터 만들어졌을까 하는 질문에 대해 학자들은 1002년(고려 목종 5)에 제주도에서의 화산 폭발 모습을 그림으로 그려 임금에게 바친 전공지의 작품에서부터 비롯된다고 본다. 전공지의 그림을 우리나라 산수화의 시초로 보는 견해도 있다. 전공지는 성종 때에 급제하여 벼슬이 중추원부사(中樞院副使), 이부시랑(吏部侍郞)에 이르렀던 고려 초기의 인물이다.

〈탐라화산도〉라고도 불리는 〈서산도〉(瑞山圖)는 1317년(충숙왕 4) 1월에 위왕관(魏王館)의 서리 긴 벽돌담에 해가 비쳐 모란꽃과 같이 찬란한 모습을 이루자, 곧 화공에게 명하여 그 형상을 그리게 했던 것이다. 고려 전기에 특히 성행했던 재이상서(災異祥瑞) 사상, 즉 일식 등 하늘의 변화를 보고 정치 상황과 왕의 신변 등을 연관시키는 경향과 밀접한 관계가 있다고 한국미술연구소 홍선표 소장은 「고려시대 일반회화의 발전」에서 말하고 있다.

이후 1482년(조선 성종 13)에 양성지(梁誠之, 1415~1482)가 〈제주삼읍전도〉(濟州三邑全圖)를 만들었다는 기록이 전해지는데 이것이 제주지도의 시초이다. 하지만 두 작품 모두 기록으로만 남아 있고 원본이 전해지지 않아 구체적으로 어떤 모습이었는지는 알 수가 없다.

학자들은 탐라가 백제에 조공을 바친 이후부터 원거리 외교의 특성상 지도가 존재했을 것으로 추측한다. 이후 고려시대와 원나라 점령기를 거치면서 좀더 상세한 지도가 제작되었지만, 지도는 국가의 중요 문서로 극소수의 관리자에 의해 은밀하게 관리되었기 때문에 유사시 망실되거나 폐기됐을 가능성이 크다고 본다.

현존하는 고지도 대부분은 18~19세기에 제작된 것들이다. 그 중에서 국립중앙도서관에 소장되어 있는 《여지도》(輿地圖) 6책 속의 〈제주목지도〉가 가장 오래된 것으로 알려지고 있다. 여기에는 당시의 마을이 아주 상세하게 기록돼 있다. 제주도 고지도의 특징을 보면 한라산이 많이 부각된다. 한라산 지맥이 뻗어 나가는 형국과 한라산에서 발원하는 하천들이 바다로 유입되는 형국이 지도를 구성하는 기본 요소로 나타난다. 한라산이 제주도이고 제주도가 한라산이라는 인식은 옛 지도에서 더욱 선명하게 표현하고 있다. 한라산의 자연 환경과 더불어 살아가는 사람들의 삶의 환경이 어우러져 제주도를 이루고 있음을 알게 된다.

그렇다면 옛 지도에서는 한라산의 모습을 어떻게 그리고 있을까? 먼저 1709년에 제작된 제주도유형문화재 13호인 〈탐라지도병서〉(耽羅地圖幷序)에는 한라산과 주요 오름들이 자세하게 그려져 있는데 백록담의 분화구에 물이 차 있는 모습을 둥글게 나타낸 점이 눈길을 끈다. 또한 한라산 중턱에서 가장 산체가 큰 어승생악을 그 위상에 걸맞게 다른 오름들과 비교될 정도로 크게 그린 모습도 사실감을 더해주는 요소로 꼽을 수 있다.

《탐라순력도》(耽羅巡歷圖) 중 〈한라장촉〉을 보면 제주목(濟州牧)에서 보는 산의 모습을 바탕에 두고 그렸음을 알 수 있다. 백록담을 정점으로 좌우로 늘어서 있는 산체와 오름의 모습들이 보인다. 특이한 것은 탐라계곡과 백록담이 만나는 용진굴의 모습인데 폭포처럼 길게 이어진 절벽이 오늘날 화가들이 그려내는 것과 흡사하다. 왕관릉에 표시된 연대(烟臺)의 모습은 오늘날 실제로 이곳에 연대가 있었느냐 하는 끊이지 않는 논쟁의 단초를 제공하고 있다. 《해동지도》(海東地圖) 중 〈제주삼현도〉에서는 백록담을 타원으로 처리하여 물이 있음을 표시하고 있고 좌우의 오름들을 산맥처럼 처리한 점도 눈에 띈다.

숭실대학교 박물관에 소장돼 있는 〈제주지도〉(18세기 전반기)에는 330여 개의 오름

〈제주지도〉 1872년에 제작된 〈제주지도〉로 서울대학교 규장각에 소장돼 있다. 백록담에 물이 찬 모습을 하얀색으로 처리해 신성함을 돋보이게 만든 부분이 눈길을 끈다.

을 표기하고 있는데 거의 대부분의 오름들이 망라돼 있다. 이 지도에서도 백록담과 어 승생악을 구분할 수 있게 그렸는데, 백록담에 고인 물을 둥글게 처리한 점과 좌우의 석 벽 모습 등은 〈탐라지도병서〉를 베낀 것처럼 흡사하다. 제주도를 단독으로 그린 지도 로는 제일 큰 것이기도 한 이 지도는 옛 지도 중 대표작이라 할 수 있다.

〈제주삼읍도총지도〉(濟州三邑都摠地圖)는 한라산과 주변의 오름들을 입체화시켜 한 라산의 웅장함을 강조하고 있는 것이 특징이다. 어승생악과 왕관릉의 모습을 보면 아 주 자세하게 관찰한 후 그렸음을 알 수 있다. 18세기 전반에 제작된 것으로 추정되는 《조선강역총도》의 〈제주지도〉는 수많은 오름들을 표시해 눈길을 끈다. 특히 서울대학 교 규장각에 소장된 1872년의 〈제주지도〉에는 백록담을 하얀색으로 처리하여 신성함

〈광여도〉 중 제주목 1800년대 전반기에 전국을 7책 381장으로 나누어 그린 〈광여도〉 중에서 제주목 (濟州牧) 부분이다. 제주도를 원형에 가깝게 그렸지만 산세보다는 제주목에 중심을 두고 그렸다.

을 돋보이게 하였다.

〈광여도〉(廣興圖)는 1800년대 전반에 제작된 지도로 군사지도와 군현지도로 나눌 수 있다. 군현지도는 지도(地圖)와 지지(地誌)가 있는데 지지에서는 인구, 전답, 성곽, 봉수대 등을 설명하고 있다.

김정호의 제주도 지도로는 《청구도》(1834)와 〈대동여지도〉(1861), 〈동여도〉(19세기 후반) 등이 전해진다. 《청구도》에서는 제주의 뱃길과 제주 역사를 따로 소개했는데 배

령포(한림읍 지경)를 설명하면서 원나라 때 이곳에서 배를 타면 7일 만에 중국에 다다를 수 있다거나 최영의 토벌군이 정박했던 곳이었다는 등의 기록이 그것이다. 〈대동여지도〉는 산악 지형을 선으로 잇는 산악 투영법 형식으로 표현하여 산줄기를 일목요연하게 파악할 수 있도록 했는데, 산 정상에 혈망봉(穴望峰)과 십성대(十星坮), 참수동(慘水洞) 등이 표기되어 있고 영실에 있는 수행굴(修行窟) 등도 보인다. 또한 〈동여도〉에서는 산맥을 연첩식으로, 하천을 쌍선으로 표기하여 산천의 지형을 잘 파악할 수 있다.

산속에 깃든 부처의 땅

신당과 사찰의 땅

예부터 제주는 '당(堂) 오백 절[寺] 오백'이라 하여 신당과 사찰이 많았다고 전해진다.
신당과 사찰이 각각 500개가 있었다는 말이다. 마을마다 한두 개의 당과 절이 있었다
고 볼 수 있는데 대부분 민가 주변에 위치하고 있었고 그 규모 또한 작았다.

실제로 1481년(성종 12)에 완성된 『동국여지승람』에도 제주목편 불우(佛宇)조에 보
면 존자암(尊者庵: 한라산 서령에 있음), 월계사(月溪寺: 옹포 동남쪽에 있음), 수정사(水
精寺: 도근천 서안에 있음), 묘련사(妙蓮寺: 주 서쪽 20리에 있음), 문수암(文殊庵: 주 서남
쪽 27리에 있음), 해륜사(海輪寺: 주 서쪽 독포에 있음), 만수사(曼壽寺: 건입포 동안에 있
음), 강림사(江臨寺: 동쪽 함덕포에 있음), 보문사(普門寺: 거구리악 북쪽에 있음), 서천암
(逝川庵: 도근천 상류에 있음), 소림사(小林寺: 주 동남쪽 10리에 있음), 관음사(觀音寺: 조
천포에 있음), 영천사(靈泉寺: 정의현 영천천 동안에 있음), 성불암(成佛庵: 성불악에 있
음), 법화사(法華寺: 대정현 동쪽 45리에 있음)가 수록되어 있다.〔여기에서 말하는 '주'
(州)란 제주목관아, 즉 지금의 제주시 중심가인 관덕정을 기준으로 삼은 것〕

1652년(효종 3) 이원진의 『탐라지』에는 앞의 사찰 외에 안심사(安心寺: 주 동쪽 10리
에 있음), 원당사(元堂寺: 주 동쪽 20리에 있음), 곽지사(郭支寺: 주 서쪽 45리에 있음), 돈

절로 가는 길 제주는 예부터 '당 오백 절 오백' 이라 하여 신당과 사찰이 많았다고 전해지는 부처의 땅이다.

수암(頓水庵: 주 동쪽 80리에 있음), 굴암(窟庵: 산방산에 있음)이 기록돼 있다. 이밖에 1577년(선조 10) 임세의 『남명소승』(南溟小乘)에도 한라산에 두타사(頭陀寺)가 수록되어 있다.

조선 숙종 때 이형상 목사의 불교 탄압 정책에 의해 사찰 대부분이 소실되는 수난을 당해 이후 제주 불교는 암흑기를 맞게 된다. 현재 한라산국립공원 구역에는 최근에 복원된 존자암과 관음사, 천왕사, 석굴암이 있다.

존자암

존자암에 대한 기록은 『동국여지승람』을 비롯하여 임제의 『남명소승』, 김상헌의 『남사록」, 이원진의 『탐라지』, 이형상의 『남환박물』, 『고려대장경』 「법주기」, 이능화의 『조선불교통사』 등에서 찾아볼 수 있다.

기록을 종합하면 석가모니의 제자인 16아라한 중 여섯번째인 발타라 존자가 900아라한과 더불어 탐몰라주에서 살았는데 탐몰라주는 탐라 즉, 지금의 제주라는 것이다. 이때 발타라 존자가 제자들과 수행했던 곳이 존자암이고 그 시기는 탐라가 처음 세워지던 시기라고 기록은 전하고 있다. 역사 기록에 따르면 우리나라에 불교가 전해진 것은 고구려 소수림왕 때인 372년이다. 만약에 발타라 존자가 탐라가 처음 생겨났을 때부터 제주도에 살면서 수행했다는 기록이 사실이라면 우리 역사에서 불교 전래는 그만큼 앞당겨진다는 이야기다.

사실 여부를 떠나 불교 전파와 관련하여 전래되는 이야기로는 가야국의 허황후〔가야국 김수로왕의 비(妃)〕가 인도에서 건너왔고, 당시 김수로왕의 처남과 아들이 승려였다는 설화와 불교가 인도에서 직접 도입되었음을 암시하는 금강산 유점사(楡岾寺)의 창건 설화가 있다. 그리고 고구려를 세운 동명성왕(東明聖王)이 만주에서 고탑(古塔)을 보았다는 기록 등이 있다.

영실 존자암은 불래오름의 남사면 능선에 위치해 있다. 존자암에는 제주도 유일의 부도가 세워져 있는데, 부도란 부처님이나 고승들이 열반에 든 후 나오는 사리를 담아 숭배의 대상으로 삼는 일종의 탑을 이야기한다. 제주도의 현무암을 다듬어 만든 항아리 모양의 이 부도는 높이가 92cm이고 최대폭이 74cm, 최저폭이 38cm이다. 기록에 따르면 1600년대 중반까지도 원래 목탑이 세워져 있었다고 한다.

조선시대의 한라산 등반은 존자암에서 시작돼 존자암에서 끝났다고 할 수 있다. 임제는 기상 악화로 존자암에서 3일간이나 묵었다고 기록했고, 존자암의 승려들은 관리들의 한라산행에 안내를 맡아 최초의 산악 가이드 역할까지 했었다고 한다.

한편 당시에 존자암에서는 국성재(國聖齋)라 하여 제주 대정 정의의 삼읍〔三邑: 제주목(濟州牧), 대정현(大靜縣), 정의현(旌義縣)〕의 수령이 국태민안을 기원하며 제사를 지내기도 했다. 김상헌의 『남사록』에 따르면 "4월에 점을 치고 좋은 날을 택하여 삼읍 수령

중에 한 사람을 보내어 이 암자에서 목욕재계하고 제사를 지내게 하는데 이를 국성재라 한다. 지금은 그것을 폐한 지 7~8년이 된다"고 하고 있다. 김상헌이 한라산을 오른 때가 1601년이니 1500년대 후반까지도 제를 지냈다는 얘기가 된다.

1993년부터 존자암 발굴 작업이 이루어졌고 지금은 복원돼 제주도기념물 43호로 지정, 보호되고 있다. 제주대학교박물관의 조사 결과 존자암은 고려 말부터 조선 초에 세워진 사찰로 추정된다. 석가모니의 제자가 세웠다는 시대와는 상당한 차이를 보이는데 설화와 역사의 오차치고는 매우 큰 편이라 할 수 있다. 한라산국립공원 관리사무소 영실지소에서

존자암지 부도 제주도에서 유일하게 전해지는 부도. 불교계에서는 석가모니의 진신 사리를 모셨던 것으로 추측하고 있다.

북쪽으로 20~30분 가량 들어가면 존자암을 만날 수 있다.

관음사

제주 불교는 조선 숙종 때 제주도에 파견된 이형상에 의해 철저하게 파괴된 후 200년 가까이 그 명맥도 유지하기 힘든 상황 속에 있었다. 이 시기의 제주를 무불교(無佛敎) 시대라고도 표현한다.

『관음사사적기』(觀音寺事積記)에 따르면 1907년 9월에 화북리 출신인 안씨라는 성(姓)을 가진 봉려관이란 비구니가 뜻을 품고 출가하였다. 해남 대흥사 청봉(靑鳳) 스님에게 계(戒)를 받고 1908년 정월에 제주도로 돌아와서 불법을 선포하고자 하였으나 일반 도민의 핍박이 심하므로 의지할 곳이 없는 신세가 되었다. 하는 수 없이 그녀는 한

관음사 흰 눈이 소복하게 쌓여 있는 관음사. 관광 사찰로서 호젓한 산사의 운치를 보여준다.

라산 백록담에 몸을 숨기고 7일이나 절식하다 바위에서 떨어졌는데 이때 기적과도 같은 일이 일어난다. 수천 마리의 까마귀들이 그의 옷을 물고서 구출해낸 것이다. 문득 한 늙은 선사가 나타나 말하기를 "저 산천단으로 내려가라" 하였다. 그녀는 다시 발심(發心)하여 산천단으로 내려왔는데 운대사(雲大師)라는 이상한 스님을 만나게 된다. 스님이 말하기를 "오래 기다렸는데 이제야 보는구나" 하고는 가사(袈裟: 장삼 위에 왼쪽 어깨에서 오른쪽 겨드랑이 밑으로 걸쳐 입는 법의) 한 벌을 내어주었다. 그리고 다음 해에 지금의 관음사 자리에 초가 몇 칸을 마련하였다.

이후 영봉(靈峰) 스님과 안도월(安道月) 처사가 용화사(龍華寺)의 불상을 가지고 바다를 건너와서 이곳에 봉안하고 법정암(法井庵)이라 하였다. 그러나 도민들은 계속하여 불교를 배척하고 봉려관에게 돌을 던지기까지 했다. 그러나 이때에도 봉려관은 다

치지 않았다. 마침내 도민들은 그를 받들었고 여기에 관음사를 창건하게 되었다고 전해진다.

관음사의 창건은 제주에서 단절되었던 불교를 재건하는 기점이 된다. 하지만 관음사는 해방 후에도 계속 수난을 겪는다. 4·3항쟁이 일어난 1949년에 전부 소실되었고 1969년 그 터에 새로 재건하여 오늘에 이르고 있다. 현재는 대한불교조계종 23교구 본사로서 제주 불교의 구심점 역할을 하고 있다. 1960년대까지만 해도 한라산 등반객들이 산행에 나서는 출발점을 산천단과 관음사로 잡았을 정도로 즐겨 찾았으나 어리목, 영실 코스가 개설된 이후 지금은 관광 사찰로서 호젓한 산사의 운치를 보여주고 있다.

천왕사

한라산 북쪽 사면에는 아흔아홉골이라는 골짜기가 있다. 이곳에는 제주도에서 가장 한적한 분위기를 자아내는 두 개의 사찰이 감춰져 있는데, 바로 천왕사와 석굴암이다.

1,100도로에서 어승생 수원지로 가기 직전에 제주시 충혼묘지와 천왕사 가는 길을 안내하는 표지판이 나온다. 이곳에서 표지판이 가리키는 방향으로 800m 정도 들어가면 왼쪽으로 제주시 충혼묘지 입구가 나오고 앞쪽으로는 천왕사 입구 표지판이 나온다. 앞쪽의 길을 따라 계속 들어가면 골머리오름의 맨 서쪽 자락에 해당하는 뾰족한 바위틈에 자리한 천왕사가 나오는데 이곳은 아흔아홉골의 첫머리 부분이라 하여 '골머리'라 불리기도 한다.

천왕사는 1956년 한국 불교계의 큰 스승인 삼광당(三光堂) 비룡(飛龍) 큰스님이 창건한 사찰로, 주변의 빼어난 경관과 함께 제주도에서는 깊은 산사의 맛을 제대로 보여주는 유일한 곳이라 할 수 있다. 특히 가을철 계곡에 단풍 물결이 넘쳐나고 대웅전 뒤로 온갖 형상으로 솟아오른 바위와 어우러진 천왕사의 모습은 황홀경이라 해도 부족함이 없고, 겨울철 낙엽이 떨어진 후 눈 속에 파묻힌 산사의 모습은 세파에 찌든 사람들에게는 선경(仙境)과도 같은 곳이다.

천왕사에서 오른쪽으로 20여 분을 걸어가면 한라산에서 사시사철 물줄기를 볼 수 있는 유일한 폭포인 선녀폭포가 있다. 하지만 상수원 보호 구역이라 출입이 금지돼 있어 사진을 보는 것으로 만족해야만 한다.

천왕사를 창건한 비룡 큰스님은 1950년 한국전쟁 때 전남 진도군 조도면 병풍도에서 수행중이었다. 당시에는 전쟁이 일어났는지도 몰랐는데, 하루는 강도가 들어와 쌀가마를 탈취해갔다. 그때 "이 사람아, 반찬값도 가지고 가야지" 하며 쌈지에서 돈을 꺼내주었다는 일화가 전해진다. 이 일화는 두고두고 신자들 사이에 회자되었고 비룡 큰스님은 자비심 많고 착심(着心)이 없는 도인으로 세인들의 존경을 받았다.

1901년 개성에서 태어난 비룡 큰스님은 1927년 월정사에서 한암 스님을 은사로 모시고 출가한 후 73년간 수행 생활을 하며 부처님의 말씀을 전하고 수많은 제자를 길러냈다. 2000년 1월 28일 오대산 방산굴에서 입적했다. 비룡 큰스님은 열반하는 시기를 미리 알고 입적할 때 호주머니에 열반송과 함께 다음과 같은 유훈을 육필로 남겼다.

> "사바세계 화택고해(火宅苦海)로다. 중생들아, 꿈만 꾸지 말라. 반성하여 꿈을 깨라. 공부하여 고통 없는 해탈, 수심수행(修心修行)하면 일체유심조(一切唯心造)이고 마음에 때와 티끌과 먼지를 제거하면 마음이 밝아질 수 있다. 심성이 밝으면 고통이 없고 마음이 안정되며, 꿈이 없으면 곧 각(覺)이리라."

석굴암

천왕사 입구인 충혼묘지 주차장에 차를 세우면 제일 먼저 천왕사의 스피커에서 흘러나오는 염불 소리에 자신도 모르게 옷깃을 여미게 된다. 천왕사와 충혼묘지 사이로 난 조그마한 오솔길을 따라 걸으면 석굴암 가는 길은 시작된다. 산세는 험하지만 길을 걷다가 언덕을 오르면 적송숲이 나타나고, 다시 고개를 돌리면 나무들 사이로 드문드문 멀리 도심의 풍경이 내려다보인다. 길 오른쪽으로는 한라산국립공원에서 제일 큰 어승생악이 그 위용을 자랑한다. 그러다 어느새 키 작은 제주조릿대가 무성하게 나타나기도 하고, 오랜 세월의 흔적을 과시하려는 듯 적송의 뿌리들이 땅 위로 얽힌 길이 나오기도 한다. 정말 이곳에서만 볼 수 있는 즐거움이다. 석굴암 가는 길은 그야말로 사색의 길이요, 명상의 길이다.

등산로를 따라 한참 가다보면 '금봉곡 석굴암'이라는 팻말이 나오고 오른쪽으로 다시 내리막 길이 이어진다. 이곳부터 약 200m까지 불가(佛家)를 상징하는 연등이 일정하게 걸려 있는데 연등이 끝나는 곳에 석굴암이 자리를 잡고 있다.

태고종(台古宗) 금봉곡 석굴암은 1950년대 초반 만월당(滿月堂) 강동은(姜東殷) 스님이 창건한 도량이다. 깎아지른 벼랑 바위 아래로 자연이 만들어낸 암굴이 있고 그 안에 불당을 모시고 있는 특이한 암자다. 그리고 주위를 병풍처럼 둘러싸고 있는 높이 10m쯤은 됨직한 암벽에는 큼직한 글씨로 '南無十六大阿羅漢聖衆'(남무십륙대아라한성중)이라 새겨진 명문이 있는데, 수도승의 수행을 위한 장소였음을 짐작케 하는 곳이다. 석굴암 왼편으로 이어진 금봉곡의 상류 부분에는 안경샘이라 불리는 약수가 있으나 지금은 그쪽으로 오를 수가 없다.

석굴암도 최근에 와서는 유명세를 치르고 있다. 불과 10년 전만 해도 오솔길에서 사람을 만나면 저도 모르게 반가워 합장하며 인사까지 했는데 요즘은 일요일이면 몇백 명의 인파가 몰릴 만큼 인기 코스가 됐다. 늘어난 인파로 오솔길이 많이 황폐해지자 국립공원 관리사무소에서 침목을 이용하여 오솔길을 단장했는데 그 때문에 호젓했던 명상의 길이 아쉽게도 사라졌다.

한라산을 노래한 시와 산문

한라산을 노래한 시인들

예부터 삼신산의 하나로 알려진 한라산은 옛 사람들이 무척이나 동경하여 누구나 한 번쯤 오르고 싶어하는 산이었다. 그리고 많은 사람들이 한라산을 올랐으며 기록을 남겼다. 구한말의 유학자요 항일 의병장으로 유명한 최익현이 제주로 유배를 왔다가 유배가 풀리자마자 한라산을 올랐다는 기록도 있다.

이렇게 한라산 등반을 기록으로 남긴 사람들은 육지부에서 내려온 관리들로 극소수에 불과했는데, 관리 자신에겐 한라산 등반이 유흥이었을지 모르나 당시 그를 수행한 백성들에게는 고역 그 자체였다. 제주목사 이원조는 백록담까지 가마를 타고 올랐다고 하니 이를 수행한 백성들의 고통은 짐작하고도 남는다. 심지어 임제는 제주목사의 아들이라는 이유로 병졸들의 호위를 받는가 하면 대정현감이 비장(裨將)을 보내 존자암까지 먹을 것과 귤을 보내고 제주판관이 술과 양식을 보냈다고 한다.

당시에 한라산을 오르는 것은 권력을 가진 자들에게는 쉬운 일이었으나 일반 백성이나 유배온 사람들에게는 현실적으로 무척 어려운 일이었다. 1520년 제주에 귀양왔던 김정은 "이태백이 이른바 구름 드리움은 대붕(大鵬)이 활개침인가, 파도 이는 곳에 거오(巨鰲) 잠겼는가. 한 대목이 이에 해당할 수 있을 것" 이라고 한라산을 비유하면서

눈 덮인 백록담 하늘에서 본 겨울철의 백록담이다. 한라산은 옛 사람들이 무척이나 동경하여 누구나 한 번쯤 오르고 싶어하는 곳이었다.

"내 귀양온 죄인의 몸으로 그렇게 올라가볼 수 없음이 애석하다"며 아쉬워했다. 최익현도 "이 산에 오르는 사람이 수백 년 동안에 관장(官長: 제주목사와 현감 등 벼슬아치를 이르는 말)된 자 몇 사람에 불과했을 뿐"이라고 말했다.

한라산을 노래한 시 중에 가장 오래된 기록으로는 조선 초기의 문신인 권근(權近, 1352~1409)의 "푸르고 푸른 한 점의 한라산은(蒼蒼一點漢羅山) 멀리 큰 파도와 넓고 아득한 물 사이에 있네(遠在洪濤浩渺間)"라는 시가 있다. 이어 조선 중종 때의 시인으로 세속에서 벗어나 산과 물을 찾아다니며 시와 술로서 세월을 보냈던 홍유손(洪裕孫, 1431~1529)은 『소총유고』(篠叢遺稿) 「존자암개구유인문」(尊者巖改構侑因文)에서 "산 전체는 물러가는 듯하다가 도리어 높이 서 있다. 그 겉모양을 쳐다보면 둥글둥글하여 높고 험준하지 않은 것 같고, 바다 가운데 섬이어서 높게 솟아나지 않은 것 같다"고 한라산의 형상을 소개했다. 홍유손은 "산신령과 도깨비들이 대낮에도 나와 노니, 바람이 소리내어 불어대면 생황, 퉁소, 거문고, 비파의 소리가 원근에 진동한다. 구름이 자욱히 끼는 날이면 채색 비단과 수놓은 비단 빛이 겉과 속을 덮는다"라 노래했다.

임제의 『남명소승』

처음으로 한라산을 오른 과정을 기록에 남긴 임제의 『남명소승』은 훗날 한라산을 오르는 사람들에게 하나의 가이드북처럼 이용되었다. 임제는 제주목사로 재직하고 있던 아버지 임진(林晉)을 찾아왔다가 한라산에 올랐다.

임제는 1577년 28세 때 대과에 급제하였으나 파벌 싸움만 하는 정치에 큰 관심을 두지 않고 전국을 유람하며 세월을 보냈던 학자다. 1577년 11월에 제주에 왔다가 1578년 3월까지 머물렀는데 이때 남긴 기록이 『남명소승』이다. 한라산 등반 과정 중 영실 존자암에서 읊었던 「한라산」이라는 시가 있다.

　　　　장백산 남쪽이요, 해 지는 약목 동쪽에 있어

푸른 연꽃이 드높이 바다 파도 속에 꽂혀 있네.

높은 하늘 신선이 탄 학은 너울너울 내려오고

아득히 오랜 신기한 거북은 힘이 웅장하도다.

꼭대기에는 언제나 구름으로 검다지만

위쪽의 새벽녘 해는 붉다오.

만향과 세죽은 으슥히 길 속에 감춰져 있고

은은한 편경과 맑은 종소리로 하늘 궁전이 닫히네.

모름지기 땅 신령은 더불어 비길 게 없다고 믿었는데

비로소 진기한 산물이 풍부히 있음을 알겠구려.

북두칠성처럼 나뉘었다고 예부터 전해오지만

견고한 성체를 셋 설치하여 절제사가 통치한다오.

들에는 가득한 화류가 자연대로 자라고

온 마을의 귤은 가을 바람에 풍족하구려.

마침 더불어 멀리서 온 길손이 볼 것이 풍족하니

탐부의 사치스런 욕심 끝없음이 괴이할 게 없네.

신선 사는 곳이니 몇 번이나 꿈을 꾸더니만

한 해 바다 너머 한 점 섬에서 외로운 길손 되었네.

내가 온 때가 마침 청명절이니

산에 내리는 비도 쓸쓸히 계수나무 수풀을 적시네.

이렇게 한라산을 노래했던 시인 임제가 마침내 날을 잡아 산행에 나섰다. 음력 2월 중순이면 완연한 봄은 아니고 겨울에서 봄으로 넘어가는 시점이라 그만큼 날씨가 변덕이 심한 때다. 영실에 위치한 존자암에서 날씨 때문에 이틀이나 발목이 잡히자 임제는 '발운가' (撥雲歌)를 지어 간절하게 기도했다.

하계의 어리석은 백성이 소원하는 바가 있습니다. 신이시여, 나의 소원 바람 맑고 구름 걷히는 것입니다. 밝은 아침에 밝은 햇빛을 보게 하소서.

그러나 다음 날에도 역시 비바람은 그치지 않고 안개까지 자욱했다. 이때 그는 산행을 포기할까 하는 마음에 다음과 같이 노래했다.

남아가 초목과도 같아서
신명의 감동을 얻지 못하였도다.
내일 개이지 않는다면
채찍을 들어 바닷가 성으로 되돌아가리라.

결국 임제는 존자암에서 3일을 묵은 후 어렵사리 정상에 올랐다. 그 감격이야 어찌 말로 할 수 있겠는가. 하지만 임제는 무리하게 올라가서였는지 피곤에 지쳐 정상에서 내려온 후 두타사에서 바로 잠들어버렸다. 그 때문에 정상에서 그의 심정을 표현한 시가 없어 아쉬울 따름이다.

김상헌의 『남사록』

1601년 제주에서 소덕유(蘇德裕), 길운절(吉雲節)의 역모 사건이 일어나자 선조의 안무어사 자격으로 제주를 찾은 김상헌은 뒷수습을 한 후 임금의 명으로 백록담에서 한라산신제를 지냈다. 그리고 1601년 8월부터 한 달간 제주에 머물면서 제주의 풍물, 형승, 진상품, 군역 등 사회상을 기록한 『남사록』을 남겼다.

이 책에는 한라산과 관련된 한라산신제 제문, 천불봉, 한라산의 장관, 남극 노인성 등에 대한 시와 최보(催溥, 1454~1504)의 『표해록』(漂海錄) 중 한라산과 관련된 시를 소개하고 『남명소승』의 기록 중 잘못된 부분을 지적하는 내용 등이 담겨 있다. 예컨대

한라산 자락의 오름들 영실 등산로에서 본 오름들로 어슬렁오름, 망체오름 등이 펼쳐져 있다.

오백장군이라는 이름은 임제가 처음 만들어 사용한 것이며 "백록담의 돌을 물에 넣으면 가라앉지 않고 떠오른다"는 임제의 기록은 직접 시험해보니 사실이 아니다라는 등의 내용이다. 총 2편 4권으로 구성된 『남사록』은 당시 제주도의 생활상을 이해할 수 있는 귀중한 자료다. 다음은 한라산신제의 제문이다.

만력 29년 9월 을미 그믐 25일 기미에 국왕은 성균관 전적 김상헌을 파견하여 한라산 신령께 제사를 드리고 엎드려 아뢰옵니다. 산은 높고 둥글게 바다 가운데 있어 아래로는 수부(水府)에 도사리고 위로는 운공(雲空)에 닿아 백령(百靈)이 계시며 모든 산악의 으뜸입니다. 탐라의 진산이 되고 남유(南維)의 끝이 됩니다. 하늘을 대신하는 신령의 권능으로 우리 백성을 도우시니 질역(疾疫)의 재앙이 없고 풍우가 때를 맞추어서 화마(禾麻)가 땅에 깔리고 축산이 번성하며 고을은 그래서 평안하고 나라가 이같이 도움이 됩니다. 풍족하고 윤택한 것이 신령의 덕이 아닌 것이 없습니다. 어찌하다 못난 무리들이 감히 흉역(兇逆)을 도모하여 드디어 숨어 살며 날로 속이고 현혹시키며 개미처럼 무리를 모아 해독이 점점 커졌습니다. 비록 나라의 불행이나 또한 신령의 부끄러움입니다. 음모가 일찍 탄로나서 두목이 처단되고 온 섬이 평안을 얻었습니다. 큰 난리가 일찍 끝났으니 신령께서 도와주심이 아니었던들 어찌 이렇게 될 수 있었겠습니까. 이에 마땅히 사신을 보내어 경건히 아뢰옵니다. 제물은 비록 박하오나 정의는 돈독합니다. 지금부터 앞으로는 세세 흠향(欽享)하시어 세상의 소요를 그치게 하소서. 길이 바다 변방에서 전례(奠禮)를 드리옵니다.

—지제교 이수록(李綏祿) 지어 올림

백록담에서 한라산신제를 봉행한 후 김상헌은 시 2수를 지었는데 다음과 같다.

북객이 어이하여 이 봉우리에 이르렀나
한 개의 대지팡이에 의지하여 여기 왔네.
왕사 또한 평지와 험로 있음을 알지니
경종(景鐘)에 이름 오르길 바라서는 안되리.

바다 밖의 외로운 배 어느 날 돌아가련고
아득한 물결 보니 꿈속에 온 듯하구나.
그러나 선경에 다시 오기 어려우니
해진다고 돌아가자 재촉일랑 하지 마오.

첫번째 시는 자연의 위대함 앞에서 부귀공명이 덧없음을 노래했고, 두번째 시는 이처럼 아름다운 선경에 다시 오기 어려우니 조금 더 감상하고 내려가자는 선비의 모습을 엿볼 수 있다. 실제로 김상헌은 백록담의 이것저것을 주의 깊게 관찰해 백록담에 서리가 내리는 모습 등을 기술하기도 했다. 한라산의 경승을 노래한 「장관편」(壯觀篇)은 다음과 같다.

한라산은 어찌하여 이다지도 웅장한가

천년을 내려오며 남축의 진산이기 때문이라.

근기가 두터우니 거오를 진압하고

높은 봉우리는 주작에 닿았어라.

이 나라 영토 안에 명산도 많다마는

어느 것이 아우이고 형이라고 하리오.

남쪽에 있어서는 두류산이 유명하고

북쪽에 있어서는 장백산이 유명하다.

금강산과 묘향산이 있으나

기이하고 빼어남을 독차지는 못하리라.

예부터 영주라고 불리는 이곳은

신선이 집 짓고서 살아온 곳이라네.

흔히 산해경에서 듣고 보아왔고

이따금 수령들이 기록을 남겨왔다네.

일찍이 주목왕(周穆王)의 지난 자취 없는데

하물며 사령운(謝靈運)의 나막신이 있었겠나.

영험스런 신령이 엄연히 수호하니

속인들은 감히 엿보지도 못하는구려.

(이하 생략)

김치의 「등한라산」

김치는 선조 때 문과에 급제하여 이조정랑 등을 거쳐 1609년 3월에 제주판관으로 도임하여 1년 6개월간 재직했다. 이형상의 『남환박물』에는 "부역(負役)의 의무를 6번(番)으로 나누었고 여러 폐단을 혁파하였는데 그 법이 지금까지 시행되고 있다"고 그의 선정을 기록하고 있다.

김치는 존자암에서 하룻밤을 자고 존자암 승려인 수정(修淨)의 수행을 받고 백록담까지 올라갔다. 새벽에 존자암을 출발하여 백록담을 거친 후 북쪽 코스로 하산했는데 해질 무렵 제주성으로 내렸으니 오늘날의 산행 일정과 비슷하다.

영실과 백록담, 한라산 등반을 노래한 시 3편을 남겼는데 다음은 「등한라산」(登漢羅山)이라는 시다.

돌길 구름 뚫고 발디딜 때마다 아슬아슬
비온 뒤 날씨는 아직 개지 않았네.
산이 높아 눈 쌓이면 봄 지나도 남아 있어
바다는 드넓어 긴 바람 온종일 부네.
학을 타면 신선이 다니는 길 잃지 않으련만
적송은 피리 불며 머물러 기다리고 있네.
끝내 안개를 먹고사는 도술을 배우려니
인간 세계로 돌아감이 한없이 늦어지네.

이형상의 『남환박물』

이형상은 1702년 6월 제주목사로 부임하였지만 1703년 6월 대정현에 유배온 오시복(吳始復) 판서에게 편의를 제공했다가 탄핵을 받아 파면되었다. 1년이라는 짧은 기간 동안 제주목사로 재임했지만 이형상 목사는 화공 김남길(金南吉)을 시켜 《탐라순력도》를 그리게 했고, 제주에 관련된 지리지인 『남환박물』을 저술하는 등 오늘날까지 수많은 업적이 전해진다.

하지만 그는 신당 129개소를 소각하고 무당 185명을 귀농시켰으며, 수많은 사찰을 철폐시켜 유교를 제외한 제주도에서의 모든 종교 활동을 금지시켰다. 이에 대해 오늘

한라산의 해넘이 제주도의 동남쪽에 위치한 성읍민속마을 주변의 벌판에서 바라본 일몰이다. 이곳에서는 오름 사이로 해가 뜨고 해가 진다.

날 미신을 없앴다는 긍정적 평가와 제주도의 정신 문명을 말살했다는 부정적 평가가 있다.

한라산 산행기는 『남환박물』에 수록돼 있는데 산에 오르면서 주변에 보이는 식물들—영산홍, 동백, 산유자, 이년목, 영릉향, 녹각, 송, 비자, 측백, 황엽, 적률, 가시율, 용목, 저목, 상목, 풍목, 칠목, 후박 등—을 열거하여 관찰력이 뛰어남을 느끼게 한다. 특히 눈향나무를 가리켜 '향목(香木)은 만리의 바람을 받으므로 예부터 자라지 않는다'라고 설명하거나, 바위틈에 자라는 철쭉을 '반분'(盤盆)이라 표현하고 있다.

산에 오르기 전 이형상은 김상헌의 『남사록』을 비롯하여 홍유손의 『소총유고』, 임제의 『남명소승』, 『지지』〔地誌: 목사나 현감 등 수령들이 그 지방에 대한 통치 자료를 수록한 책, 읍지(邑誌)라고도 함〕 등을 미리 읽고 산행에 나서 그 기록의 옳고 그름을 계속해서

따져보았다.

예를 들면 백록담 물의 깊음을 나타낸 『지지』의 기록은 잘못 전해진 것이고, 『남사록』에서 전하는 백록담의 검붉은 송이의 생성 시기도 거짓이며, 백발 노인이 백록을 타고 있다는 표현도 과장된 것이라고 했다. 그러면서도 백록담에 조개 껍질이 있다는 것은 이상하게 여기면서도 공공새라고 불리는 바닷새가 물고 온 것이라는 주변 사람들에게 들은 말을 그대로 기록하였다.

이형상은 『남환박물』에 백록담에서 제주의 산맥과 주변의 오름, 섬, 하천을 비롯하여 제주 중산간 지역의 울창한 숲 지대인 곶자왈, 샘물까지 열거하는 의욕을 보였다. 또 "우리는 종일 맑은 구름 위에서 속세를 초월하여 거리끼지 않았으니 참으로 이는

한라산 서쪽 자락의 오름 군락 독립적인 오름들이지만 한라산에 오르면 오름들은 서로 중첩되며 끝없이 이어진다.

신선들이 사는 삼천(三天)의 동부(洞府)이지, 속된 사람들이 사는 세계는 아니다"라고 소감을 피력했다.

이형상의 산행에는 아전이 월남까지 표류했던 기록을 담은 『과해일기』(過海日記)를 챙겨 동행했고 가마꾼과 음식을 만드는 주방 요리사까지 대동하였다고 전하는데, 이는 당시 목사 행차의 규모를 실감케 한다.

이원조의 등반기

이원조는 1841년 제주목사로 부임하여 1843년 6월까지 재임했다. 재임 기간에 우도와 가파도에 사람들을 살게 했는데 이때부터 우도와 가파도는 무인도에서 사람이 사는 섬으로 바뀌게 되었다.

이원조는 1841년 7월 중순에 한라산에 올랐는데 등반에 앞서 "나는 일찍이 등산하는 것이 도를 배우는 것과 같다고 생각해왔다"고 했을 정도로 한라산 등반에 의미를 부여했다. 숙소인 망경루(제주목에 있던 누각으로 현재는 제주시의 중심인 관덕정 주변) 누각 위에서 보는 한라산보다 제주시 동쪽 오름인 사라봉 정상에서 보는 한라산이 더 높게 보인다고 한 것이나, 도교 사상과 함께 유교의 성현인 공자와 그 제자들을 거론한 것을 보면 산행을 앞둔 그의 마음가짐을 엿볼 수 있다.

기록을 보면 죽성촌을 새벽에 출발한 이원조 일행은 처음에는 말을 타고 가다가 다시 가마로 갈아타고, 도중에 가파른 급경사에서는 도보로, 그리고 마지막에는 다시 가마를 타고 올랐다고 하는데, 당시 수행하는 백성들의 노고를 어렵지 않게 짐작할 수 있다. 등산을 도를 닦는 것과 같다고 표현하면서도 가마를 타고 올랐다는 것은 지금의 시각으로는 이해가 가지 않는 부분이다.

하지만 기록의 뒷부분에서는 "유람관광으로써 백성에게 피해를 입히게 되어 가히 후회스러웠다"고 말하는 것을 보면 조선시대 목민관의 백성에 대한 마음을 읽게 된다. 나아가 수행하는 사람들에게 "착한 것을 좇는 것은 산에 오르는 듯하고 악한 것을 좇는 것은 산이 무너지는 것과 같다"고 한 말은 오늘의 등산객들에게 시사하는 바가 크다.

최익현의 등반기

구한말 의병장으로 널리 알려진 최익현은 1873년 홍선대원군의 실정을 탄핵한 죄로 제주도에 유배되어 6년간 이곳에 머물렀는데 1875년 2월 유배가 풀려 자유로운 몸이 되자 한라산 등반에 나섰다.

제주목을 출발한 최익현 일행은 방선문과 그 동쪽 마을인 죽성(竹城)을 거쳐 탐라계곡, 삼각봉, 백록담 북벽으로 정상에 오른 후 남벽으로 하산, 선작지왓의 바위틈에서 비박을 하게 된다. 기록에 나오는 한라산 최초의 비박인 셈이다.

최익현의 등반기를 보면 한라산의 산세와 관련하여 이전의 기록에서는 볼 수 없는 부분이 거론된다. "산 형국이 동은 마(馬), 서는 곡(穀), 남은 불(佛), 북은 인(人)"이라는 부분인데 "산세가 굴신고저(屈伸高低)의 형세를 따라 마치 달리는 말과 같다 하고, 위암층벽(危巖層壁)이 죽 늘어서서 두 손을 마주잡고 읍하는 듯한 것은 불(佛)과 같다. 평포광원(平鋪廣遠)하고 산만이피(散漫难披)함은 곡식과 같고, 공포향북(拱抱向北)하여 수려한 산세는 사람과 닮았다고 하겠다"라며 당시에 들은 말을 소개했다. 한라산 산세의 영향으로 말은 동쪽에서 생산되고, 곡식은 서쪽이 잘 되고, 불당은 남쪽에 모였고, 인걸은 북쪽에서 많이 난다고 해석한 것이다.

최익현은 한라산의 존재 가치에 대하여 "이 산은 그 혜택이 백성과 나라에 미치고 있는 것이니, 지리산이나 금강산처럼 사람에게 관광이나 제공하는 산들과 비길 수 있겠는가"라고 반문한 뒤에, "오직 이 산은 유독 바다 가운데 있어 청고하고 기온도 낮으므로 뜻 세움이 굳고 근골이 건강한 자가 아니면 결코 오르지 못할 것"이라고 평하였다.

영실계곡의 가을 가을날 단풍이 물들기 시작하면 한라산은 한바탕 붉은빛으로 치장한다.

젠테 박사의 등반기

지그프리트 젠테는 신문기자이자 지리학 박사다. 1892년 인도에서의 생활을 시작으로 1900년 중국을 거쳐 1901년 한국에 들어와 아시아의 지리와 민속 등에 대한 많은 자료를 남겼다. 1872년 '인도에서 쓴 지그프리트 젠테의 편지들'이 함부르크 일간지에 연재된 것을 시작으로 '사모아에서 보내온 여행기', '중국에서 보내온 편지들', '한국, 지그프리트 젠테 박사의 여행기', '겨울철 만주 여행' 등을 독일의 「쾰른신문」에 연재했다.

　젠테 박사는 외국인으로서는 처음으로 한라산 등반 기록을 남겼는데 지리학을 전공한 학자답게 한라산 높이가 1,950m임을 밝혀 한라산 연구의 한 획을 그은 사람이다.

하지만 서구 열강들이 아시아를 식민지화하던 시기의 서양인의 시각이라서 동양을 다소 경시하고 사람들을 미개인 취급하는 문장들이 곳곳에 보이기도 한다.

젠테가 한라산에 오른 1901년에 제주도에서는 이재수의 난 또는 신축년 성교의 난이라 불리는 난리가 일어나 제주도민과 천주교인을 위시한 서양 신부들 사이에 서로 죽고 죽이는 싸움이 벌어졌다. 이로 인해 서양인들에 대한 적개심을 품을 때였는데, 젠테는 대한제국의 왕실고문인 센즈(Sends)의 주선으로 제주목사에게 보일 소개장과 여행 도중의 신분 안전을 보장하라는 통행증을 중앙 정부에서 발급받아 제주를 방문하게 된다.

젠테가 제주에 도착하자 제주목사인 이재호(李在護)는 직접 숙소까지 찾아갈 정도로 관심을 가졌고, 만일에 있을지 모를 불상사를 우려하여 서양인이 공식적으로 한라산에 올라 높이를 측정하고 사진을 촬영한다고 사람들에게 알렸다. 그리고 젠테 박사 일행은 이재수난의 수습을 위해 제주에 미리 파견돼 있던 강화도수비병 1개 소대의 호위를 받고 한라산을 오르게 된다.

지금도 제주도를 처음 찾는 사람들의 눈에 가장 먼저 띄는 것이 돌담인데 젠테 역시 제주의 초가와 돌담에 많은 관심을 가졌다. 그리고 검은 화산암으로 쌓아올린 돌담 때문에 제주도에 대해 무뚝뚝한 인상을 받았다고 한다.

눈 덮인 한라산 한라산 만세동산에서 본 한라산의 설경이다. 눈이 많이 내리면 한라산은 온통 하얀색으로 치장하는데 특히 이곳에서 보는 백록담이 장관이다.

젠테 박사 일행은 등산로가 없는 상태에서 무작정 산행에 나섰기 때문에 한밤중이 되어도 숙소를 정하지 못해 무척이나 고생하게 된다. 나중에는 말이 앞서 나가는 방향을 따라가는 원시적인 방법으로 산을 올랐는데 이는 기록에 나타나는 한라산에서의 첫 야간 산행이라 할 수 있다.

젠테 박사 일행은 가까스로 백록담에 올라 높이를 측정한다. "무수은 기압계 2개를 주의 깊게 이용함으로써 나는 가장 가파른 곳에 있는 최외각 분화구의 높이가 1,950m에 이른다는 사실을 알아냈다. 내가 사용했던 영국제 기구도 6,390피트였다. 온종일 미리 점검하고 테스트를 거친 기구를 사용한 나의 측정이 틀림없다는 증거다"라고 기록했다. 100년 전에 자신의 기록에 정확을 기하기 위해 노력하는 학자의 모습에 경의를 표하게 된다.

그리고 "이렇게 높은 산이 대양(大洋) 가운데 솟아 있는 모습을 상상해보라! 그런 해양 기상대 위에 서면 이해할 수 없을 정도로 탁 트이는데 그 정도를 스스로에게도 설명하기가 어렵다"라고 감탄하며 "아직까지 백인은 올라본 적이 없는 한라산 정상을 내가 정복한 것은 대단한 기쁨이었다. 그렇게 많은 반대와 장애물에도 불구하고 그 작은 모험을 다행히 완수할 수 있었고 힘든 탐험 여행에 대해서 항상 그렇게 말할 수 있는 것은 아니지만 수고의 대가를 발견할 수 있었다는 것이 기쁘고 자랑스러웠다"라고 심정을 토로했다.

오늘날 수많은 산악인들이 미지의 하얀 산을 향하는 이유와도 같은 무한한 감동을 100년 전 제주를 방문한 외국인이 느꼈던 것이다. "무한한 공간 한가운데 거대하게 우뚝 솟아 있는 높은 산 위에 있으면 마치 왕이라도 된 것 같은 느낌이 든다. 주위 사방에는 오로지 하늘과 바다의 빛나는 푸르름뿐이다."

이은상의 등반기

이은상 시인은 이전의 산행과는 달리 아주 특이한 목적으로 한라산을 등반했다. 1937

년 조선일보사가 주최한 국토순례행사의 일환으로 한라산을 오른 것인데 오늘날의 백두대간 종주나 국토대장정이라 불리는 행사의 시초가 아닌가 싶다. 80명이나 산행에 나섰으니 한라산에서 이루어진 첫 단체 산행인 것이다.

오늘날 '한라에서 백두까지'라는 이름 아래 통일을 염원하는 많은 행사의 첫 출발점이 한라산 백록담인 것처럼 암울했던 일제시대 때 한라산 산행은 매우 의미 있는 행사였다. 1937년 12월 조선일보출판부에서 간행한 이은상의 『탐라기행 한라산』은 당시 나라를 잃은 백성들에게 자주성을 심어주기에 충분한 책이었다. 이은상은 이 책에서 한라산에 대해 옛 문헌을 인용하거나 전설을 소개하면서 백록담을 '불늪'이라 하고 단군의 광명이세(光明理世)와 홍익인간(弘益人間)을 거론하며 우리 민족의 우수성을 심어주기 위해 많은 고심을 했다.

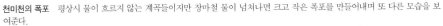

천미천의 폭포 평상시 물이 흐르지 않는 계곡들이지만 장마철 물이 넘쳐나면 크고 작은 폭포를 만들어내며 또 다른 모습을 보여준다.

또 한라산 식물의 수직 분포대를 설명한 후 백두산, 금강산이나 일본의 후지산보다 더 많은 식물이 자라는 곳이라며 한라산의 소중함을 강조했다. 더 나아가 한라산에서만 자라는 시로미, 구상나무 등 특이한 식물을 소개할 때는 "조선적인 것, 동양적인 것, 세계적인 것"이라며 기쁨을 감추지 못했다.

이은상이 관음사 코스의 개미목에서 제주조릿대(이은상은 '갈'이라 표현했음) 가득한 평원에 구름이 몰려드는 모습을 보며 한라산을 노래한 시는 다음과 같다.

구름 갓 안개 옷에
바람 수레 탔사오매.
하늘뫼 갈밭 머리
나도 오늘 신선이라.
산마루 높은 고개도
나르는 듯 오르리라.
아! 좋다 하고
다시 일러 좋다 하고
좋단 말밖에
다른 말은 모르겠네.
인간에 신선말 없으니
좋단 말이나 외칠거나.

마침내 정상에 올라 감격의 눈물을 흘리며 쉴 새 없이 만세를 외친 후에 이렇게 소감을 이야기했다.

"금시로 다시 석인(石人)이 되었느냐. 눈도 감고, 입도 다물고, 사지조차 굳은 듯이 바람 앞에 우뚝 서서 구름 안개 마시면서 어찌하여 내 금시로 다시 석인이 되었느냐. 진정할 수도 없고, 진정할 것도 없느니라. 네 가슴이 터지는 대로 두어라. 네 가슴이 외치고 싶은 대로 지금 이 정상에 서서 노래하라. 천지를 향하여 노래하라."

시인은 온갖 단어를 동원하여 쉴 새 없이 한라산을 노래한다.

"귀의하라 할 것이 없이 내가 저절로 귀의하였고, 낙원을 찾을 것 없이 여기가 바로 낙원이니 저 여래(如來)의 설법도 여기 와서는 도로(徒勞: 헛수고)요, 저 인자(人子: 예수)의 강도(講道: 성경)도 여기 와서는 군소리며, 저 루소의 외침도 인제 보매 딴청이다. 인류 중에 성현이라 불리는 이들의 소위소설(所爲所說: 행하고 말하는 것)이 어떻게나 부질없고 무안스러운 일인지도 모르겠다."

백록담에서 감격의 하룻밤을 보낸 후 시인은 마침내 하산하여 여수행 뱃머리에 오른다. 그는 국토 순례의 감동을 채 정리하지 못한 채 시 한 수를 읊는다.

창파 높은 곳에
님이 여기 계시옵기에
찾아와 그 품속에
안겨 보고 가옵나니
거룩한 님의 댁(宅)이어
평안하라, 한라산

물길이 험하오매
꿈속에도 어려우리
고도(孤島)에 맺은 정을
다시 언제 풀까이나

내 겨레 사는 곳이니

평안하라, 제주도

정지용의 「백록담」

정지용(鄭芝溶, 1902～1950)은 암울했던 일제 말기인 1940년대에 단순한 서양시의 역어적(易語的) 차원을 벗어나 동양적인 흐름 위에 존재하는 시문학으로의 변화를 주도하며, 한국 현대시인 중 탁월한 시인이라는 평가를 받고 있다.

정지용은 1938년 여름에 한라산 백록담에 올랐다. 그는 1938년 8월 「조선일보」에 다도해를 돌아다니며 쓴 수필 「다도해기」를 6회에 걸쳐 연재했는데, 「귀거래」(歸去來)라는 제목의 6회분에서 "백록담 푸르고 맑은 물을 고삐도 없이 유유자적하는 목우(牧牛)들과 함께 마시며 한나절 놀았습니다"라고 말하고 있다. 그 감동이 컸음인지 그는 본래 바다 이야기를 쓰기로 한 의도와는 달리 산의 이야기를 소개하겠다는 양해도 함께 구하고 있다. 정지용 시인은 이 시에서 뻐꾹채꽃을 비롯하여 암고란, 도체비꽃, 물푸레, 동백, 떡갈나무, 풍란, 고비, 고사리, 더덕, 도라지꽃, 취나물, 삿갓나물, 대풀, 석이 등 온갖 식물과 함께 제주 휘파람새 등을 소개했다. 다음 해인 1939년 정지용은 「백록담」이라는 시를 『문장』 3호에 썼고, 1941년에는 두번째 시집 『백록담』을 펴낸다.

백록담(白鹿潭)

1

절정(絶頂)에 가까울수록 뻐꾹채 꽃키가 점점 소모(消耗)된다. 한마루 오르면 허리가 슬어지고 다시 한마루 우에서 목아지가 없고 나중에는 얼골만 갸웃 내다본다. 화문(花紋)처럼 판(版) 박힌다. 바람이 차기가 함경도(咸鏡道) 끝과 맞서는 데서 뻐꾹채 키는 아조 없어지고도 팔월(八月) 한철엔 흩어진 성신(星辰)처럼 난만(爛漫)하다. 산(山) 그림자 어둑어둑하면 그렇지 않아도 뻐꾹채 꽃밭에서 별들이 켜든다. 제자리에서 별이 옮긴다. 나는 여긔서 기진했다.

2

암고란(巖古蘭), 환약(丸藥)같이 어여쁜 열매로 목을 축이고 살어 일어섰다.

3

백화(白樺) 옆에서 백화(白樺)가 촉루(髑髏)가 되기까지 산다. 내가 죽어 백화(白樺)처럼 흴 것이 숭없지 않다.

4

귀신(鬼神)도 쓸쓸하여 살지 않는 한모롱이, 도체비꽃이 낮에도 혼자 무서워 파랗게 질린다.

5

바야흐로 해발 육천 척(海拔六千尺) 위에서 마소가 사람을 대수롭게 아니 녀기고 산다. 말이 말끼리 소가 소끼리, 망아지가 어미소를 송아지가 어미말을 따르다가 이내 헤여진다.

6

첫새끼를 낳노라고 암소가 몹시 혼이 났다. 얼결에 산(山)길 백 리(白里)를 돌아 서귀포(西歸浦)로 달어났다. 물도 마르기 전에 어미를 여힌 송아지는 움매— 움매— 울었다. 말을 보고도 등산객(登山客)을 보고도 마고 매여 달렸다. 우리 새끼들도 모색(毛色)이 다른 어미한틔 맡길 것을 나는 울었다.

7

풍란(風蘭)이 풍기는 향기(香氣), 꾀꼬리 서로 부르는 소리, 제주(齊州)휘파람새 회파람

부는 소리, 돌에 물이 따로 굴으는 소리, 먼 데서 바다가 구길 때 솨— 솨— 솔소리, 물 푸레 동백 떡갈나무 속에서 나는 길을 잘못 들었다가 다시 측넌출 긔여간 흰돌바기 고 부랑길로 나섰다. 문득 마조친 아롱점말이 피(避)하지 않는다.

8

고비 고사리 더덕순 도라지꽃 취 삭갓나물 대풀 석이(石茸) 별과 같은 방울을 달은 고 산식물(高山植物)을 색이며 취(醉)하며 자며 한다. 백록담(白鹿潭) 조찰한 물을 그리여 산맥(山脈) 우에서 짓는 행렬(行列)이 구름보다 장엄(壯嚴)하다. 소나기 놋낫 맞으며 무 지개에 말리우며 궁둥이에 꽃물 익여 붙인 채로 살이 붓는다.

9

가재도 긔지 않는 백록담(白鹿潭) 푸른 물에 하눌이 돈다. 불구(不具)에 가깝도록 고단 한 나의 다리를 돌아 소가 갔다. 좇겨온 실구름 일말(一抹)에도 백록담(白鹿潭)은 흐리 운다. 나의 얼골에 한나잘 포긴 백록담(白鹿潭)은 쓸쓸하다. 나는 깨다 졸다 기도(祈禱) 조차 잊었더니라.

『문장』(文章) 3호, 1939. 4

백록담과 구상나무 해가 떠오른 직후 백록담의 서쪽 정상에서 본 분화구의 모습이다. 백록담 사방에는 구상나무가 가득하다.

차귀도 일몰 일출봉에서 떠오른 태양이 제주섬의 서쪽 끝자락에 있는 차귀도에서 그 생명을 다한다.

바위에 새겨진 한라산

옛 사람들은 백록담을 신선들이 사는 선경으로 여겨 신성시했다. 더욱이 한라산신제를 지낼 정도로 숭배의 대상이었기 때문에 백록담에서는 몸가짐을 바로 했다. 한라산은 제주목사를 비롯한 관리들이나 제주에 유배왔다가 죄를 사면받아 유배에서 풀린 선비들이 간혹 오를 뿐 백성들에게 있어서는 범접할 수 없는 곳이었다.

현재 한라산 백록담에는 시 2수와 이곳에 올랐던 사람들 7~8명의 이름이 바위에 새겨져 있는데 접근이 쉽지 않아 바위에 새겨진 명문이 많지 않은 것으로 추측된다. 그 중에서 지은이와 내용이 온전하게 보존된 것으로는 임관주(任觀周)의 시가 있다. 그 내용은 다음과 같다.

아득히 푸르고 넓은 바다
주먹만한 한라산이 떴네.
흰사슴이 신선을 기다리는데
지금 정상에 올랐으니.

임관주의 시 옆에 정○○이라 새겨진 이름과 함께 또 하나의 시가 새겨져 있다.

동서남북이 모두 바다인데
하나의 봉우리가 하늘을 받혀 꽂혔네.
드넓은 천지에 홀로 서 있으면서도
가장 높은 곳이라 편안하기만.

바위에 새겨진 명문으로는 백록담뿐만 아니라 제주시 한천의 방선문과 용연의 바위 절벽, 산방산 등에도 있다. 시 몇 수가 전해지는데 그 중 대정현감을 지냈던 원상요(元相堯)의 시를 소개한다.

동서남북 바다가 천 리의 땅을 둘렀는데
삼신산이 하늘 높이 솟았구나.
이에 신선이 사는 곳을 알 수 있으니
하늘이 만들어놓은 하나의 별천지.

제3부 한라산 가는 길

등산로를 따라가다보면 영실계곡을 우회하게 되는데 이때 눈앞에 펼쳐지는 영실기암의 모습은 가히 장관이라 할 만하다. 영실기암은 옛 선인들이 영주십경의 하나로 쳤을 정도로 아름다움을 자랑한다. 봄에는 바위틈의 진달래와 철쭉이 눈길을 끌고, 여름에는 울창한 나무숲과 시냇물이, 가을에는 붉게 물든 단풍, 겨울에는 바위와 앙상한 가지 위에 핀 눈꽃 등 1년 내내 그 아름다움을 자랑하는 곳이다. 그 중에서도 단풍으로 물든 풍경은 제주도 가을 경치 중 최고로 꼽는다.

한라산을 오르는 등반 코스는 어리목 코스를 비롯하여 영실, 성판악, 관음사, 어승생악 코스 등 5개가 있다. 한라산 백록담을 정점으로 서북쪽이 어리목과 어승생악 코스이고, 서남쪽이 영실 코스, 동쪽이 성판악 코스, 북쪽이 관음사 코스이다. 남쪽의 돈내코 코스와 남성대 코스는 1994년 폐쇄된 이후 지금은 그 흔적마저 찾아보기 어렵다. 그러면 한라산 백록담에 오르는 등산로는 어떤 변천 과정을 거쳤을까?

1577년 임제의 『남명소승』에서는 제주목 서문을 출발하여 광령계곡을 지나 영실의 존자암을 등반 전진 기지로 한 후 남쪽 절벽을 올라 백록담 정상에 도착하였다. 하산시에는 백록담 남벽 코스를 이용하여 효돈천 상류에 위치한 두타사에서 1박한 후 돈내코 코스인 서귀포시 영천동 방면으로 내려왔다고 기록돼 있다. 존자암 코스는 1601년에 김상헌 어사가 백록담에서 한라산신제를 지내면서 이용했고, 1609년에 김치 판관이 존자암에서 1박한 후 백록담의 북벽으로 하산하였다는 기록 등이 있다.

1800년대에는 관음사 코스가 자주 이용되었다. 1841년 이원조 목사는 죽성촌에서 출발하여 백록담 북벽으로 정상에 오른 후 하산은 남벽의 선작지왓을 지나 영실로 내려왔다. 최익현은 남문을 출발, 방선문, 죽성촌, 탐라계곡을 거쳐 정상에 오른 후 남벽으로 하산, 영실로 내려왔다.

일제시대인 1937년 한라산에 오른 이은상은 산천단을 출발점으로 관음사, 한천, 개미목, 삼각봉, 용진각을 지나는 오늘날의 관음사 코스를 이용한다. 하산은 남벽, 방애오름, 모새밭(지금의 선작지왓)을 거쳐 영실, 어리목, 노로오름으로 이어지는 지금의 1,100도로 위쪽 사면을 따라 시내까지 내려왔다.

　　1960년대 제주시와 서귀포를 잇는 횡단도로인 5·16도로와 1,100도로가 생기면서 어리목 코스와 성판악 코스가 개설되었고 1970년대부터 1980년대 후반까지는 거의 대부분의 등반객들이 어리목 코스와 영실 코스를 이용하여 백록담에 올랐다. 당시에는 어리목과 영실을 출발하여 웃세오름대피소에 도착한 후 백록담 서북벽 코스를 거쳐 정상에 올랐다. 1998년 이후부터는 행정 당국의 의지에 따라 겨울 한철(12월~2월 말) 또는 연중(2003년 현재)에 성판악과 관음사 코스를 이용한 백록담의 부분 허용이 이루어지고 있다.

　　등반에 앞서 한라산을 제대로 느끼고자 한다면 한라산 자락에서의 야영을 권한다. 한라산에서의 야영은 지정된 야영장에서만 가능한데, 등산로 입구에 있는 관음사야영장을 비롯하여 서귀포자연휴양림이나 제주절물휴양림, 돈내코야영장 또는 비자림야영장에서 야영을 한 후 아침 일찍 산행에 나서면 또 다른 묘미를 느낄 수 있을 것이다.

등산 코스

어리목 코스

1970~1980년대 가장 많이 이용되던 코스는 어리목 코스이다. 제주시에서 1,100도로를 이용하여 어승생악을 지나 어리목 입구에 도착한 후 동쪽으로 난 포장도로를 따라 10분 가량 들어가면 나오는 어리목광장이 어리목 코스의 출발점이다. 어리목 코스는 한라산국립공원 관리사무소가 위치한 이곳에서 출발하여 해발 1,700m인 웃세오름대피소에 이르는 4.7km 구간으로 시간은 편도 2시간이 소요된다. 사제비동산과 웃세오름 직전에 사제비약수와 오름약수로 불리는 두 군데의 약수터가 있다.

　일제시대 일본군이 주둔했던 어리목광장에는 큰부리까마귀와 함께 아침저녁으로 먹이를 찾아나선 노루들이 어슬렁거리는 모습이 쉽게 관찰된다. 과자를 주면 금세 수백 마리가 몰려드는 큰부리까마귀와 겨울철 먹이가 모자랄 때 관리사무소 직원들이 마련해주는 먹이를 먹는 노루의 모습은 인간이 노력만 하면 자연과 친해질 수 있다는 것을 보여주는 좋은 사례라 할 수 있다.

　어리목광장을 출발하여 500m 가량 나무가 우거진 울창한 숲길을 지나면 10m 폭의 Y계곡이 나타난다. 백록담의 서북쪽 벼랑에서 시작되는 남어리목골과 백록담 북쪽에 위치한 장구목에서 시작되는 동어리목골이 합쳐진 Y계곡은 어리목 등산로에서 가깝게

만세동산을 통과하는 등산객 나뭇가지마다 눈꽃으로 치장한 만세동산을 지나는 등산객들. 겨울 산행의 묘미는 자연의 일부가 되는 데 있다.

는 10m, 멀게는 200m 내외의 간격을 두고 웃세오름까지 평행선을 이루며 사이좋게 이어진다.

예전에 이 Y계곡은 물이 흐르지 않는 제주도 대부분의 다른 하천과는 달리 평상시에도 물이 조금씩 흐르던 곳이었다. 그런데 제주 시민의 식수원인 어승생 수원지를 개발하면서 동어리목골과 남어리목골이 만나는 지점인 합수머리에 둑을 쌓은 후 이 물을 어승생 수원지로 끌어가는 바람에 지금은 바닥을 드러낸 건천이 되었다. 얼마 전까지만 해도 계곡을 사이에 두고 두 동의 대피소가 있었다. 등산 도중 물이 불어 건널 수 없을 때 이용하기 위해 지어진 시설이었지만, 지금은 건물이 노후하여 한 동은 철거되고 다른 한 동도 폐쇄된 채 철거되기만을 기다리고 있다.

계곡을 지나면 숲길이다. 1시간 가량 소요되는 가파른 급경사 지대가 1,400고지인 사제비동산까지 계속된다. 이 구간에는 졸참나무, 서어나무, 산벚나무, 새우나무, 단풍나무, 엄나무, 비목나무, 솔비나무, 고로쇠나무, 때죽나무, 물참나무 등 한라산의 낙엽활엽수림대에서 볼 수 있는 거의 모든 나무들이 자라고 있는데, 그 중에서도 '송덕수' (頌德樹)라 불리며 보호되는 수령 500년의 물참나무가 눈길을 끈다.

옛날 제주도에 흉년이 들어 백성들이 굶어 죽게 되었을 때 사람들이 이 나무의 열매로 죽을 끓여 먹어 굶주림을 면했다고 하여 송덕수라 불리게 됐다는 유래가 있다. 송덕수는 1,300고지에서 자라는데 이곳은 누가 권하지 않아도 대부분의 등산객들이 발길을 멈추고 휴식을 취하는 곳이기도 하다. 특히 겨울철에 온통 하얀 눈으로 치장한 나무들이 빽빽하게 늘어선 모습은 가히 절경이라 할 수 있다. 또한 눈꽃 터널을 통과하며 느끼는 묘미는 이곳에서만 즐길 수 있다.

사제비동산은 숲길이 사라지고 사방이 시원스레 트인 초원 지대이다. 꽉 막힌 숲길에서 벗어나 파란 하늘을 볼 수 있다는 것 자체만으로도 마음마저 시원해짐을 느끼게 되는 곳이다. 200m 가량 가면 등산로에 키 작은 소나무 한 그루가 외롭게 서 있는데 그 옆에 사제비약수가 있다. 사제비동산까지 한 시간 이상을 땀 흘리며 올라선 후에 마시는 사제비약수의 물맛 또한 가히 일품이다.

사제비약수 이후부터 웃세오름대피소까지는 완만한 경사면의 돌길이 동쪽으로 계속

어리목 코스의 눈꽃 터널 사제비동산까지 이르는 구간에 서어나무, 물참나무를 비롯한 낙엽활엽수들 위로 하얗게 덮인 눈꽃 터널이 일품이다.

송덕수 흉년이 들었을 때 그 열매를 떨어뜨려 백성들이 굶어 죽는 것을 면하게 해주었다고 전해진다.

된다. 이곳부터는 무작정 오르지 말고 간혹 쉬면서 뒤를 돌아보는 여유를 가질 것을 권한다. 발아래 펼쳐지는 오름들을 볼 수 있기 때문이다. 북쪽으로는 제주도 오름의 맹주라 할 수 있는 어승생악이 버티고 있고, 그 왼쪽으로 쳇망오름, 어슬렁오름, 불래오름이 펼쳐지고 그 너머로 삼형제오름, 붉은오름 등이 있다. 맑은 날에는 비양도와 송악산 너머 바다까지 펼쳐지니 제주도 서부 지역의 경치를 보기에는 부족함이 없는 곳이다. 또한 오른쪽에 위치한 만세동산 사면에서는 구상나무가 촘촘하게 군락을 이루고 있는 모습도 볼 수 있다.

사제비동산에서 30여 분 가량 더 오르면 한라산 백록담의 웅장한 모습이 한눈에 펼쳐지며 비로소 종점이 눈앞에 다가선다. 백록담을 경계로 북쪽으로는 족은드레왓, 민대가리동산, 장구목 등이 백록담 서북벽으로 이어지고, 백록담 남쪽으로는 눈앞의 웃세오름과 그 너머 방애오름이 쉼 없이 이어진다. 이곳이 만세동산이다.

　만수동산이라고도 불리는 만세동산은 웃세족은오름까지 이어지는 널따란 고산 초원인데 이곳은 우리나라에서 가장 높은 곳에 위치한 습지원이다. 만세동산의 물은 북쪽으로는 민대가리동산과 경계를 나누는 Y계곡으로 흐르고 서쪽의 물은 사제비동산의 서쪽을 흘러 한라교를 거친 후 한밝교를 통과한 Y계곡 물과 합쳐진다. 예전에 이곳은 한가로이 풀을 먹는 말떼가 목가적인 풍경을 자아내던 곳이다. 고수목마(古藪牧馬)라 하여 한라산 자락에서 뛰노는 말떼의 모습을 영주십경의 하나로 치는데 이곳에서 보는 풍경이 최고일 것이다.

　하지만 눈 덮인 겨울철, 안개가 심하게 낀 날이면 길을 잃기 쉬운 곳이므로 특히 주의해야 하는 구간이다. 등산로 양쪽에 동아줄이 메어져 있으나 눈이라도 쌓이게 되면 50~60cm 높이의 이 동아줄이 눈 속에 파묻히게 된다. 그래서 조금이라도 방심하면 자신도 모르게 등산로 너머로 나가 방향 감각을 잃고 한 지점을 중심으로 계속 같은 곳을 맴도는 경우가 생긴다.

　이럴 경우 흥분하지 말고 이곳의 지형을 염두에 두면 쉽게 등산로를 찾을 수 있다. 즉 등산로는 오른쪽으로는 만세동산에서 웃세오름에 이르는 능선이 이어지고 왼쪽으로는 계곡이 이어지는데, 그 중간 지점을 찾으면 된다. 최악의 경우 오름의 능선이나

웃세오름대피소　어리목 코스와 영실 코스의 종점인 웃세오름에 가면 매점과 웃세오름대피소가 있다.

계곡을 끼고 계속 앞으로 나아가는 방법이 있다. 계속 가다보면 그 끝 지점에 웃세오름 대피소가 나올 것이다.

만세동산을 지나서 웃세오름대피소로 가기 직전에 오름약수가 있다. 등산객들에게 땀을 식혀 주는 감로수와도 같은데 국립공원 관리사무소 직원들이 웃세오름의 물을 끌어와 약수터를 만든 것이다. 약수터 주변에는 훼손지 복구용으로 심은 구상나무들이 있는데, 이 나무들이 잘 자라고 있는지를 살펴보는 것도 이 코스로 가는 또 하나의 재미가 될 수 있다. 어리목 코스의 멋은 눈 속에 파묻힌 숲길을 걷는 것과 만세동산의 구상나무와 바위에 엉겨붙은 눈꽃을 감상하는 것이다. 어리목 코스의 멋을 제대로 느끼려면 눈 덮인 겨울철에 가야 한다.

웃세오름에 가면 커피와 라면 등을 판매하는 매점과 국립공원 관리사무소 직원들이 숙소로 이용하는 대피소가 있다. 이 대피소는 1977년 에베레스트 원정대의 등반대장이었던 김영도 씨가 청와대를 방문한 자리에서 대통령에게 대피소의 필요성을 말해 내무부 예산으로 짓게 되었다.

웃세오름대피소는 어리목 코스와 함께 영실 코스의 종점이기도 하다. 따라서 가능하다면 등산과 하산 코스를 달리하여 오르내리면 한 번에 두 곳의 풍경을 감상할 수 있는 이점이 있다. 어리목 코스로 오른 후 영실 코스로 하산하거나 영실 코스로 오른 후 어리목 코스로 하산하는 방법을 권하고 싶다.

| 어리목 코스 |

	2.4km		0.8km		1.2km		0.3km	
어리목광장 (970m)	→	사제비동산 (1,428.8m)	→	만세동산 (1,606.2m)	→	오름약수 (1,670m)	→	웃세오름대피소 (1,700m)
	1시간		30분		25분		5분	

총거리: 4.7km, 편도 소요 시간: 2시간 (어리목광장~웃세오름대피소) | 안내: 한라산국립공원 관리사무소 064-742-3084

영실 코스

영실 코스는 한라산의 서남쪽을 오르는 코스로 영실휴게소에서 웃세오름대피소에 이르는 3.7km의 짧은 등산로이다. 시간은 약 1시간 30분이 걸린다. 등산로를 따라가다 보면 영실계곡을 우회하게 되는데 이때 눈앞에 펼쳐지는 영실기암의 모습은 가히 장관이라 할 만하다. 영실기암은 옛 선인들이 영주십경의 하나로 쳤을 정도로 아름다움을 자랑한다. 봄에는 바위틈의 진달래와 철쭉이 눈길을 끌고, 여름에는 울창한 나무숲과 시냇물이, 가을에는 붉게 물든 단풍, 겨울에는 바위와 앙상한 가지 위에 핀 눈꽃 등 1년 내내 그 아름다움을 자랑하는 곳이다. 그 중에서도 단풍으로 물든 풍경은 제주도 가을 경치 중 최고로 꼽는다.

영실 코스는 사시사철 흐르는 영실계곡의 시원한 물과 웃세오름대피소 직전에 노루샘이 있어 한라산에서 유일하게 식수를 걱정하지 않아도 되는 등산로다. 이 코스를 통한 정상 등반은 통제되고 있어 웃세오름대피소까지만 등산이 가능하다. 하산은 어리목 코스를 이용할 수도 있다.

한라산 서쪽 능선을 가로지르는 1,100도로를 따라 제주시에서 중문 방향으로 가다 보면 우리나라 국도 중 제일 높은 곳에 위치한 1,100고지에 이르게 된다. 1,100고지 탐라각휴게소 옆에는 한국인으로는 처음으로 세계 최고봉인 에베레스트를 올랐던 산악인 고상돈 씨가 잠들어 있다.

남쪽으로 1km를 더 가다보면 다래오름 주변에 영실 코스의 진입로가 있고, 이곳에서부터 매표소까지의 거리는 2.5km다. 제주시에서 출발한 시외버스가 매표소까지 들어간다. 980고지에 있는 영실매표소에는 한라산국립공원 관리사무소 영실지소와 존자암의 진입로가 있다. 존자암은 석가모니의 제자인 발타라 존자가 수행했던 곳이다. 영실매표소를 지나 실질적인 등산의 출발 지점인 영실휴게소까지는 2.4km인데 도로 폭이 좁고 경사가 심해 12인승 이하의 차량만 통행이 가능하다. 영실휴게소까지 걸어가면 약 45분이 걸린다.

1,280고지. 본격적인 등반은 이곳에서부터 시작된다. 아름드리 적송 지대가 장관을

아름드리 적송 지대 2001년 산림청에 의해 한국의 아름다운 숲으로 지정된 영실의 적송 지대이다.

이루는 이곳은 2001년 산림청에서 주관한 제2회 아름다운 숲 공모에서 '22세기를 위해 보전해야 할 아름다운 숲' 부문 우수상을 수상하며 그 진가를 보여주었다.

1,400고지까지는 평지라고 해도 좋을 정도로 경사가 완만하며, 걷다보면 적송과 주변 계곡의 물소리에 흠뻑 취하게 된다. 식수로 사용해도 될 정도의 1급수인 계곡의 물에 목을 축이는 것도 이 코스의 또 다른 매력이다. 이 계곡은 하류로 흘러 법정악을 거친 후 도순천, 강정천을 이루며 바다로 이어진다.

예전에는 이곳에서 바로 동쪽의 능선을 타고 오르는 등산로가 있었다. 선작지왓 서남쪽에 위치한 탑궤 부근을 거쳐 웃세오름으로 이어졌었는데, 지금은 폐쇄됐다. 설사 폐쇄하지 않았다 하더라도 낙석 사고의 위험과 급경사 등으로 오를 수 없는 상황이다.

자그마한 개울 2개를 건너면 곧바로 급경사가 시작되는데 5분 가량 오르다보면 해발 1,400m 표석이 나온다. 돌계단으로 되어 있는 이곳은 영실 코스 중 가장 많은 땀을 흘리는 곳이다. 그리고 돌계단을 다 오르고 난 후 시원스레 펼쳐지는 영실기암의 모습은 보는 이를 압도하며 이제까지 흘린 땀의 의미를 되새기게 만들어준다.

1,600고지까지는 제주도의 서쪽 오름들을 많이 볼 수 있는 곳이다. 제주도의 오름은 한라산을 경계로 동쪽과 서쪽에 밀집돼 있는데, 동쪽의 오름들은 백록담의 동릉에서 가장 많이 보이고 서쪽의 오름들은 이곳에서 가장 많이 볼 수 있다. 가장 가까운 거리의 왼쪽에서부터 불래오름을 시작으로 어슬렁오름, 쳇망오름, 사제비동산이 이어지고 법정악, 거린사슴, 삼형제오름, 붉은오름, 천아오름 등이 보이고, 그 너머로 영아리오름, 다래오름, 한대오름, 더 나아가면 송

소녀상 수백 개의 기암 괴석으로 이루어진 영실 기암에서 등산객들에게 가장 인기를 끄는 바위는 소녀상이다.

하늘에서 본 영실 코스 가운데 백록담과 움푹 파인 영실, 그리고 그 오른쪽에 불래오름이 보인다. 왼쪽의 오름은 이슬렁오름이다.

악산, 산방산은 물론 비양도와 마라도, 가파도까지 한눈에 펼쳐진다.

1,600고지부터는 구상나무숲이 선작지왓 입구까지 이어진다. 구상나무는 지리산, 설악산 등 내륙의 고산 지대에도 간혹 분포되어 있으나 세계적으로 유일하게 한라산에만 순림을 형성하고 있는 소중한 식물 자원이다.

등산로 바로 밑으로는 보기에도 아찔할 정도의 깊은 벼랑이 이어지는데 이곳을 병풍바위라 부른다. 병풍바위 옆으로 소녀상이라 불리는 특이한 바위 하나가 홀로 솟아 있다. 어느 방향에서 보느냐에 따라 임신한 여인으로, 또는 치마를 입은 소녀의 모습으로 보인다. 어쩌면 설화 속에 나오는 500명의 아들을 기다리던 그 어머니가 솥에 빠져 죽은 것이 아니라 바위로 변한 것이 아니었을까 하는 생각마저 들게 만든다.

구상나무숲을 통과하면 백록담이 보이는 대평원이 펼쳐진다. 우리나라 최고의 고산 초원인 선작지왓이다. 갑갑하던 숲을 지나면 눈앞에 파란 하늘과 백록담, 웃세오름, 방애오름의 모습이 펼쳐지는데 이때 고생하면서 산에 오른 희열을 맛볼 수 있다. 선작지왓은 서쪽의 영실기암 능선으로부터 북쪽의 웃세오름 능선을 끼고 동쪽의 방애오름 능선에 이르는 1,600~1,700고지의 광활한 지역이다. 서귀포가 내려다보이는 남쪽은 삼림 지대로 구분돼 있다.

등산로 왼쪽으로 오름이 계속 이어지는데 만세동산과 웃세오름이다. 이곳에서 웃세오름대피소까지는 10분 가량 소요되는데 거의 경사가 없는 평탄한 길이다. 등산로는 웃세누운오름과 웃세붉은오름 사이를 직각으로 돌아 웃세오름대피소로 이어지는데 그 전환점에 노루샘이 있다. 아침 일찍 노루들이 이 샘에서 목을 축인다고 하여 노루샘이라 불리는데 여기에서 흘러나온 물이 선작지왓에 고산 습지를 이룬다.

영실 등산로는 한라산의 보호를 위하여 웃세오름 너머의 정상 등반이 통제돼 아쉬움을 주지만 볼거리가 아주 많은 코스다. 앞서 얘기한 것처럼 봄이면 털진달래와 산철쭉, 여름이면 영실계곡의 시원한 물소리와 신록이, 가을이면 영실기암의 단풍이, 그리고 겨울이면 영실기암에 얼어붙은 설화와 구상나무, 눈꽃 터널 등 1년 내내 볼거리를 제공하는 최고의 코스라 할 수 있다.

| 영실 코스 |

영실휴게소 (1,280m)	→	병풍바위 (1,580m)	→	노루샘 (1,680m)	→	웃세오름대피소 (1,700m)
	2.1km		1.2km		0.4km	
	1시간		25분		5분	

총거리: 3.7km, 편도 소요 시간: 1시간 30분 (영실휴게소~웃세오름대피소) ｜ 안내: 영실지소 064-747-4730

성판악 코스

성판악 코스는 한라산을 동쪽에서 오르는 코스로 경사가 완만한 반면 9.6km로 거리가 가장 길다. 등반 소요 시간은 편도 4시간 30분이다. 겨울철에 정상 등반을 허용하는 시기(12월~2월 말)가 되면 등반객이 집중되는 곳이다.

750고지에 위치한 한라산국립공원 관리사무소 성판악지소는 제주시와 서귀포시를 잇는 횡단도로인 5·16도로 중간에 위치하고 있다. 그래서 여름철이면 더위에 지친 운전자들이 나무 그늘에서 땀을 식히고 가는 곳이기도 하다.

속밭과 사라오름 속밭은 예전에는 이처럼 작은 나무와 잡목으로 넓은 지역이 이루어졌지만 지금은 식생이 변해 울창한 숲으로 변했다. 멀리 사라오름이 보인다.

성판악 코스를 개척하던 당시에는 다음과 같은 일화가 전해진다. 한국 최초로 백록담에서 생방송을 시도하려 했던 남양문화방송 편성부장 김종철 씨는 성판악 코스를 이용하여 장비를 백록담까지 등에 져 날랐다고 한다. 그러나 기상 악화로 생방송은 하지 못했다고 함께 산에 올랐던 안홍찬 씨는 회고한다. 그리고 5·16 직후에 국가재건최고회의에서 한라산 집중 등반을 실시했는데 제주도 내의 거의 모든 공무원들이 등반에 참여했던 것으로 전해진다. 나무 사이에 달린 리본만이 등산로임을 안내하던 시절의 이야기다.

한라산국립공원 관리사무소 성판악지소 광장에서 보면 동쪽 도로 건너에 아담한 오름이 있는데 바로 물오름이다. 물오름이라 불리지만 이 오름에는 물이 없다. 2000년에

사라악약수 샘이 전혀 없던 등산로에 관리사무소 직원들이 사라오름의 물을 끌어와 마실 수 있게 만들었다.

이곳에 주둔해 있던 국가기관이 이곳을 개방하여 오름 정상에서 주변의 오름 군락을 볼 수 있게 하여 도민과 관광객들로부터 큰 호응을 받았으나 어느 순간 이유 없이 폐쇄해버려 아쉬움을 준다.

성판악 코스는 이 물오름 앞 광장에서 출발하여 한라산을 오르는 코스이다. 성판악 코스라 불리지만 성판악은 등산로를 따라 2km를 올라가야 나타나는 오름(성널오름)을 가리키는 말이다. 하산할 때 10시간 가까이 걸어 피곤한 상태에서 이 물오름이 보이면 그렇게 반가울 수가 없다.

한라산국립공원 관리사무소 성판악지소를 출발하여 서어나무 등 활엽수가 우거진 등반로를 따라 1시간 20분 가량(3.5km) 가면 속밭(해발 1,140m)에 이른다. 이곳은 1970년 이전만 하더라도 넓은 초원 지대로 진달래가 무성한 곳이었다. 그러나 이후 무분별하게 심어진 삼나무로 지금은 사방이 꽉 막혀버렸다. 1940년대 이곳을 찾았던 나비 박사 석주명 선생은 이 일대를 가리켜 '한라정원'이라 부르며 극찬한 바 있는데 오늘날의 모습을 보면 무어라 할지 궁금해진다.

1970년대 산림 녹화라는 이름 아래 무분별하게 심어진 삼나무는 주위 식생을 파괴하며 음침한 숲 그늘을 만들어버렸다. 특히 삼나무는 타감 작용이라 하여 자신은 잘 자라지만, 다른 식생은 전혀 자라지 못하게 하는 성질이 있다. 그래서 삼나무를 키우기 쉬운 나무라는 이유로 무차별적으로 심었고 지금은 국립공원 구역을 황폐화시키는 요인이 되고 있다. 몇 해 전부터 끊임없이 제거 논란이 있었지만 아직껏 실행에 옮겨지지 못하고 있는 실정이다.

예전에는 등산로 북쪽을 큰속밭, 남쪽을 작은속밭이라 나누어 불렀다. 큰속밭은 북쪽으로 물장올, 태역장올에 이르는 광활한 벌판이었고, 작은속밭은 성널오름과 사라오름 사이를 아우르는데 해발 1,100~1,300m 사이에 울창한 소나무숲이 벨트상으로 형성돼 있다.

겨울철 나뭇잎들이 떨어져 시야가 트이면 등산로 왼쪽 나무숲 사이로 보이는 오름이 성널오름이다. 오름의 동남사면에 높이가 약 30m, 폭이 약 300m에 이르는 대규모 수직 암벽이 있기 때문에 성널오름이라 불린다. 옛 문헌에는 '바위벽이 성벽과 같다'(石

진달래밭대피소 성판악 코스는 겨울철 백록담까지 오를 수 있다는 이유로 많은 등산객들이 몰리는데 그 중간에서 등산객들에게 먹을거리를 제공해주는 곳이 진달래밭대피소다.

돌무더기로 이루어진 진달래밭
성판악 코스를 오르다보면 진달
래밭대피소가 나오는데 그 주변
은 돌무더기로 이루어져 있다.

壁如城板)고 기록돼 있다. 한자로는 성판악(城板岳)이라 부르는데 등산 코스의 이름은
여기에서 비롯됐다.

속밭에서 40여 분(2.1km)을 더 가면 무인대피소인 사라악대피소에 이른다. 해발
1,324.7m로 도내 화구호 중 가장 높은 지대에 위치한 사라오름이 등산로 왼쪽에 있다.
산정호수로 더 유명한 사라오름은 예부터 제주도 최고의 명당으로 알려진 곳이다. 이
곳에는 사라오름 동북쪽에서 나오는 생수를 1999년 관리사무소 직원들이 파이프를 이
용하여 등반로까지 끌어와 등반객들이 마실 수 있게 했다. 그 이전만 하더라도 등산로
에 식수가 없어 등산객들이 마실 물을 준비해야만 했던 사실을 생각한다면 고마운 마
음을 가져야 한다.

이곳에서 다시 1시간 가량(1.7km) 올라가면 1,500고지의 진달래밭대피소(해발
1,540m)가 나온다. 대피소에는 국립공원 관리사무소 직원들이 상주하며 자연보호 활
동과 조난자 구조, 등산 안내 등을 벌이는 한편, 간이 매점이 있어 컵라면 등을 판매
했다.

예전에 이 지역은 진달래밭이라 하여 털진달래가 많아 장관을 이루었다고 하나 지금
은 제주조릿대 등에게 그 우위를 빼앗긴 지 오래다. 하지만 그리 슬퍼할 필요는 없다.

진달래는 많지 않지만 3시간 이상을 나무로 시야가 막힌 숲 속에서 걷다가 사방이 트여 하늘을 볼 수 있는 곳에 도달하면 해방감은 최고가 된다.

겨울철 정상이 개방돼 등반이 허용된다고 해도 아무 때나 등반이 가능하지는 않다. 먼저 오전 9시 이전에 한라산국립공원 관리사무소 성판악지소를 출발해야만 하며 12시 이전에 진달래밭대피소를 통과하여 정상으로 향해야만 한다. 그 시간을 경과하면 철저하게 통제하는데 시간이 많이 소요되므로 해가 지기 전에 하산시키기 위한 조치다. 정상에서도 오후 1시 30분이 되면 무조건 하산해야 한다. 이 규정에 예외란 있을 수 없다. 아니 예외를 인정하려 해도 관리사무소 직원들은 재량권을 발휘할 여지가 없다.

이곳에서부터 한라산 백록담의 동쪽 정상인 동릉까지는 1시간 30분 가량(2.3km) 걸린다. 이 구간은 주변의 구상나무숲과 더불어 제주도 동부 지역의 오름을 한눈에 조망할 수 있다. 이곳 백록담 동쪽 지역의 구상나무숲은 우리나라 유일의 구상나무 순림을 자랑하는 한라산에서도 220ha로 최대의 군락지다.

이곳에서는 무작정 오를 게 아니라 뒤를 돌아보면서 올라야 한라산의 진면목을 볼 수 있다. 등반로 동쪽으로 사라오름과 성널오름이, 북쪽으로는 흙붉은오름과 돌오름이 발아래 펼쳐지고 그 너머로 쌀손장올, 태역장올, 물장올, 불칸디오름, 물오름, 보리악이 즐비하다. 더 나아가 도내 최대의 오름 밀집 지역인 동부 지역 중산간 오름들이 끝없이 이어진다. 최종적으로는 성산일출봉과 우도에 가서야 그 눈길이 멈춰지는 곳이다.

이제 돌계단을 오르면 우리들의 최종 목적지인 백록담 동릉 정상에 도착한다. 원래 1,950m인 백록담의 정상은 서쪽에 위치하나, 동릉 정상은 서쪽보다 17m가 낮은 1,933m에 불과하다. 백록담을 훼손으로부터 보호한다는 취지 아래 1994년부터 자연휴식년제로 묶어 백록담에서의 순환을 통제했기 때문에 요즘 한라산을 오르는 사람들은 동릉 정상인 1,933m까지밖에 오를 수 없다.

정상에서 하산할 때는 올라왔던 성판악 코스로 되돌아가거나 북쪽에 위치한 관음사 코스로 내려가는 2가지의 방법이 있다. 유의해야 할 점은 둘 다 상당한 체력 소모가 따른다는 사실이다. 따라서 아침 일찍 출발하여 12시 전에 백록담에 도착했다면 관음사 코스로 내려 두 코스를 섭렵하는 색다른 체험이 될 수 있어 좋지만, 시간이 많이 늦어져 오후 1시가 넘어간다면 그대로 성판악 코스로 하산하는 것이 좋다. 두 곳 모두 조난자나 탈진 환자들이 숱하게 속출한다는 사실을 염두에 두어야 한다.

| 성판악 코스 |

	3.5km	1.7km	0.4km	1.7km	1.8km	0.5km	
성판악지소	→ 속밭	→ 사라악약수	→ 사라악대피소	→ 진달래밭대피소	→ 공터	→ 백록담
(750m)	(1,140m)	(1,150m)	(1,217m)	(1,540m)	(1,785m)	(1,933m)
1시간 20분	35분	5분		1시간	1시간	30분

총거리: 9.6km, 편도 소요 시간: 4시간 30분 (성판악광장~백록담) | 성판악 코스로 정상 등반이 가능한 적설기(12~2월)에는 입산은 9시까지만 허용된다. | 안내: 성판악지소 064-758-8164

관음사 코스

관음사 코스는 한라산을 북쪽에서 오르는 코스로 기록에 따르면 1841년 이원조 목사가 이곳으로 등반에 나선 이후 1960년대까지만 해도 가장 많이 이용했던 등산로다.

관음사야영장(해발 620m)에서 정상까지는 해발고도 차이가 1,313m이며, 등반 시간이 5시간으로 가장 길어 지금은 일반 등산객보다 전문 산악인들이 즐겨 찾는 코스다. 거리는 8.7km이고, 주변에 관음사라는 사찰이 있기 때문에 관음사 코스로 불린다. 한라산국립공원 내에서 유일하게 취사와 야영이 허용된 관음사야영장에서부터 등반이 시작된다. 1995년 개장된 관음사야영장은 총면적 1만 5,200평에 1,000명의 야영객을 수용할 수 있다. 특히 이곳은 한라산이 원산지인 왕벚나무와 올벚나무 등이 뒤섞여 자생하고 있다. 이 같은 사실이 확인된 1990년대 후반 이곳을 찾았던 식물학자들은 이렇게 좁은 공간에 다양한 종이 분포한다는 사실에 충격적이라고까지 말했다.

등산로 오른쪽에는 하천이 울창한 숲과 함께 이어지는데 30분 가량 올라가면 하천에 구린굴이 나타난다. 구린굴은 하천의 연결선상에 위치해 있다. 굴 위에도 여전히 하

탐라계곡 관음사 등산로는 동탐라계곡과 서탐라계곡이 자리잡고 있는 능선 사이를 통과하는데 하늘에서 내려다보면 확연하게 구분된다.

천이 형성돼 있고, 이 하천이 제주시 중심부를 관통하는 병문천이다. 손인석 박사는 제주도 하천이 형성되는 한 형태를 구린굴로부터 설명한다.

구린굴은 하천 형성 과정뿐만 아니라 역사적 의미에서도 주목받고 있는데, 조선시대 얼음을 보관했던 빙고일 가능성이 크다는 것이다. 조선 효종 때 제주목사로 부임했던 이원진의 『탐라지』에 보면 "빙고─한라산 바윗굴 속에서 언 얼음은 한여름에도 녹지 않는데 이것을 잘라다가 쓰므로 특별히 창고를 마련하여 저장하지 않는다(氷庫─漢羅山巖窟中 所結氷盛夏 不融 鑿來給用 不別庫藏)"라고 기록돼 있다.

현재 국립공원 구역에는 14개의 굴(궤)이 있다. 이 중 용진굴(10m), 어승생악에 있는 굴(250m), 구린굴(442m), 평굴(440m)을 빼면 모두 길이가 10m 이내이다. 용진굴은 흙으로 만들어졌고 어승생악에 있는 굴은 일제시대 일본군이 만들어 무기고로 활용했던 곳이다. 바윗굴로는 구린굴과 평굴이 남는데, 구린굴의 중간은 2층 구조로 돼 있는데 2층에는 물이 고여 있는 모습이 조그마한 샘물을 연상시킨다. 평굴은 높이가 0.3~3m로 낮아 사람이 드나들기에 불편함이 있다.

기록이 틀린 게 아니라면 제주목 관내 한라산의 동굴 중에서 빙고로 이용될 만한 곳은 구린굴일 가능성이 크다. 얼마 전 구린굴 내부 바닥에 쌓여 있는 통나무들을 가리켜 일부에서는 얼음 밑에 깔았던 흔적이라고 견해를 피력했지만, 이 부분에 대해 초창기 산악인들은 일제시대 일본군들이 동굴이 붕괴되는 것을 예방하기 위해 세웠던 통나무라고 말하고 있다.

구린굴에서 30분 정도 더 올라가면 탐라계곡이 나온다. 도중에 표고버섯 재배 시설로 버섯균을 심은 나무를 담가두었던 연못과 예전에 숯을 구웠던 가마터 등도 보인다. 표고버섯 재배의 경우 한때는 제주도의 높은 소득원으로 각광받으며 한라산의 여러 곳에서 성행했었는데 환경을 보호하자는 취지 아래 벌채를 금지시키는 바람에 많이 쇠퇴해졌다. 숯가마터는 1940년대에 만들어졌는데 물참나무, 굴참나무, 졸참나무 등 참나무류의 나무를 숯으로 만들기 위해 제작되었다.

도중에 휴식을 취할 수 있는 공터가 나오는데 박씨표고밭이라 불린다. 예전에는 이곳에서 박모 씨가 표고 재배장을 운영했었는데 당시에는 대피소가 없던 시절이라 산악인들은 이곳의 관리소에서 1박을 많이 했었다고 한다. 조금 더 올라가면 탐라계곡이 나오는데 계곡 직전에서 등산로가 아닌 왼쪽의 숲길로 들어서면 1960년대 후반 대학생들의 등산 대회 코스로 이용됐던 학사 코스로 접어들게 된다.

탐라계곡. 그 이름부터가 제주의 정취를 느끼게 해준다. 제주도의 주된 생활권이 제주시를 중심으로 이루어지는데 제주시에서 한라산을 볼 때 제일 먼저 눈에 들어오는 것이 탐라계곡의 깊은 골짜기이다. 등산로와 만나는 지점에서 하류로 500m 가량 내려가면 두 갈래의 지류가 합해지는데 동쪽을 동탐라계곡, 서쪽을 서탐라계곡이라 구분해 부르기도 한다.

예부터 '큰내'〔大川〕라 불릴 정도로 그 규모가 깊고 큰 하천인 한천의 상류, 탐라계곡은 관음사 코스를 바로 지척에 두고 백록담까지 이어진다. 동탐라계곡은 용진각을 거쳐 백록담 북벽으로 이어지는데 최고의 깊은 골짜기를 자랑하는 계곡으로 관음사 코스를 등반하는 과정에서 2번 만나게 된다. 개미계곡이라고도 불리는 서탐라계곡은 삼각봉을 지나 큰드레왓의 절벽으로 이어진다.

등산로는 동탐라계곡과 서탐라계곡 사이의 능선으로 이어진다. 관음사 인근 산록도

로변에서 보면 볼록하게 튀어나온 지형이 확연하게 보이는 곳이다. 동·서탐라계곡 사이의 능선을 옛 사람들은 개미에 비유했는데 탐라계곡을 지나 소나무와 섞인 밋밋한 능선을 개미등이라 불렀고, 더 올라가면 삼각봉 직전 좌우로 동·서탐라계곡 폭이 좁아진 곳이 있는데 이곳을 개미목이라 한다.

개미등은 불과 30여 년 전만해도 억새와 보리수나무 등 키가 작은 식물들만 있었는데 지금은 소나무 등 교목이 빽곡이 채워진 울창한 숲으로 변했다. 그 원인에 대해 일부에서는 한라산에서의 방목이 자취를 감추면서 식생의 변화가 온 것이

삼각봉 개미목을 지나면 곧바로 삼각봉이 나타나는데 특히 겨울철에 더욱 그 위용을 자랑한다.

아니냐는 시각도 나오고 있다. 개미목은 탐라계곡에서 1시간 30분 가량(1.9km) 오르면 나타난다. 이어 삼각형으로 치솟은 삼각봉이 그 위용을 자랑하며 등반객들을 압도한다. 옛 지도에는 연두봉(鳶頭峰), 즉 솔개의 머리라 했으니 얼마나 닮았나 음미해볼 일이다.

삼각봉을 왼쪽으로 돌아가면 동탐라계곡으로 내려가는 사면이 나타나는데 계곡으로 내려서면 콸콸 흐르는 물소리가 먼저 등반객을 반긴다. 용진각물이다. 1,507.1m에서 샘솟는 용진각물의 하루 용출량은 360톤에 이르는 것으로 밝혀졌다.

용진각대피소가 위치한 이곳은 동서남 3면이 수직 절벽으로 치솟아 있고 북쪽은 탐라계곡이라는 깊은 계곡이 자리한다. 동쪽은 왕관릉, 서쪽은 장구목, 남쪽은 한라산 북벽이다. 우리나라 산악사 최초의 산악 사고가 일어났던 곳도 이곳이다.

한편 계곡의 서쪽 경사면인 장구목은 한라산에서 눈사태로 사고가 발생하는 지역이다. 용진각에서 볼 때 탐라계곡은 동쪽으로는 왕관릉이, 서쪽으로는 장구목이 자리한 협곡인데다 좌우가 70° 이상의 급경사 지역이다. 따라서 한번 눈사태를 만나거나 추락하게 되면 200m 이상이나 굴러 떨어지게 된다. 때문에 산악인들이 해외 원정 등반에 나가기 전 훈련 장소로 즐겨 찾기도 한다.

용진각대피소를 지나면 왼쪽으로 급경사의 돌계단이 계속된다. 30여 분을 오르면 왕관릉이 나타난다. 해질 무렵 서쪽의 장구목 능선에서 보면 붉게 물든 바위가 영락없는 왕관 모양이다.

왕관릉은 '연딧돌' 이라 불리기도 하고, 예전에 연대(煙臺)가 있었던 곳이라 전해진다. 실제로 조선시대 제주도의 상황을 사실적으로 그린 이형상 목사의《탐라순력도》에는 한라산 정상 바로 밑에 연대가 표시돼 있고, 1750년경 제작된《해동지도》중 〈제주삼현도〉에도 연대가 표시돼 있다. 연대란 봉수(烽燧)와 함께 변방에 위급한 상황이 벌어졌을 때 연기를 이용하여 위험을 알리는 방어 체제의 하나다.

용진각대피소 동탐라계곡의 끝자락에 위치한 용진각대피소는 일제시대 이후 수많은 산악인들이 거쳐간 곳이다.

이형상 목사의 『남환박물』에 따르면 제주도 내의 연대와 봉수대는 63개소가 있었다고 한다. 연대가 38개소, 봉수대가 25개소다. 이 숫자 외에 별도로 한라산 중턱의 봉수대에 대해 언급하고 있는데 "옛날에는 한라산 허리에 하나의 봉수대가 있었고 해남의 백량(白梁)에 미치어 완급을 통보하였으나 해무(海霧)가 항상 자욱이 덮이므로 지금은 모두 철파(撤罷)하였다"라는 기록이 그것이다. 하지만 그 이외에 다른 기록에서는 한라산 중턱의 봉수대나 연대에 대한 언급이 없어 그 존재 여부에 대해 지금도 논란이 많다.

그렇다면 왕관릉처럼 왜 이렇게 높은 곳에 연대를 만들었을까? 높은 곳에 연대를 설치했다는 것은 제주의 위급한 상황을 남해안을 통해 중앙 조정까지 알리기 위해서가 아닐까 하는 시각이 지배적이다. 왕관릉의 서북쪽에 위치한 삼각봉도 옛 지도에서는 연두봉이라 표기되어 연대가 있었던 곳이라는 주장도 있지만, 삼각봉보다는 왕관릉에 더 큰 가능성을 두고 있다.

제주에서 목포까지는 88마일이다. 제주에서 연기를 피웠을 때 전라도 남해안에서 볼 수 있는지는 미지수다. 그러나 지금도 아주 쾌청한 날에는 한라산 중턱에서 남해안의 해남과 고흥반도까지 볼 수 있는 날이 1년에 10여 차례는 된다. 생각해볼 일이다.

장구목의 산악인들 눈 덮인 겨울날 장구목 능선에는 전국에서 수많은 산악인들이 몰려들어 해외 원정 등반에 앞선 마지막 훈련 캠프를 차린다.

왕관릉 개미목을 지나 삼각봉이 펼쳐질 즈음 동쪽으로 보면 동탐라계곡 너머로 온통 바위로 이루어진 왕관릉이 있다.

왕관릉은 바위로만 이루어져 연대의 존재 여부를 떠나 불을 피우기에는 더없이 좋은 조건이다. 왕관릉에서 백록담 정상까지는 평균 경사도가 27°인 구상나무 숲길이 계속 되는데 대략 50분 가량 소요된다. 정상에 올라서면 제일 먼저 기암 괴석들이 등반객을 반기며, 구상나무의 향기에 흠뻑 취하게 된다. 등산로 동쪽으로는 가까이에 흙붉은오 름이 있고 너머로 어후오름, 물장올 등이 펼쳐진다.

이제 정상이다. 김상헌의 『남사록』에 따르면 이곳에서 한라산신제를 지낸 것으로 돼 있다. 『남사록』의 기록으로 보면 단이 설치될 위치는 이곳밖에 없다는 데서 기인한다. 기암 괴석 안쪽 사면으로는 송이층이 분포하는데 계속되는 유실로 한라산국립공원 관 리사무소에서 녹화마대(시간이 흐르면 자연스레 분해되는 재질로 만든 마대)를 이용하여 복원 작업이 한창이다. 시로미와 돌매화나무 등이 드물게 자라는 곳이면서 백두산의 대명사 격인 들쭉나무가 있는 곳이다.

백록담에서 가장 높은 지점은 서쪽 능선이다. 하지만 분화구 안 사면에 분포한 암석이 스코리아와 같이 쉽게 붕괴되는 돌 부스러기로 이루어져 있어, 쉽게 무너져 내리는 등 훼손이 심각해지자 겨울철에도 동쪽 능선만 개방하고 있다. 비교적 고도가 낮은 북쪽 능선에는 비석이 하나 있다. 1948년에 발생한 4·3항쟁으로 통제됐던 한라산이 1955년에 개방되자, 이를 기념하여 세운 '한라산개방평화기념비'이다. 제주 현대사의 아픈 역사를 간직하고 있는 의미 있는 비석이다.

관음사 코스의 최종 종점은 백록담 동릉이다. 성판악 코스와 만나는 지점으로 분화구를 배경으로 사진 촬영을 할 수 있게 전망대 시설이 있다. 관음사 코스는 한라산의 다른 등산로에 비해 많은 체력 소모가 뒤따른다는 사실을 감안하여 철저하게 준비해야 한다.

| 관음사 코스 |

	1.5km	1.7km	1.9km	1.9km	0.7km	1.2km	
관음사 야영장	→	구린굴	→ 탐라계곡	→ 개미목	→ 용진각대피소	→ 왕관릉	→ 백록담
(620m)		(670m)	(860m)	(1,400m)	(1,520m)	(1,666.3m)	(1,933m)
	30분	30분	1시간 30분	1시간		40분	50분

총거리: 8.7km, 편도 소요 시간: 5시간 (관음사야영장~백록담) | 관음사 코스로 정상 등반이 가능한 적설기(12~2월)에는 입산은 오전 6시~9시로 변경된다. | 안내: 관음사 등산안내소 064-756-3730

어승생악 코스

어승생악(해발 1,169m) 코스는 가벼운 등산을 원하는 탐방객이 즐겨 찾는 코스로 거리는 1.3km, 등산 시간은 편도 약 30분이다. 한라산국립공원 관리사무소 뒤편에 입구가 있다.

예전에는 산악인들이 어승생악 정상에서 만설제를 지내기도 했다. 어승생악 정상에

서면 제주 시가지가 눈앞에 보이고 동쪽으로는 멀리 성산일출봉부터 서쪽으로는 한림 앞 바다에 떠 있는 비양도까지 펼쳐진다.

어승생악에서 사방을 둘러보면 한라산 정상과 주위의 오름 30여 개가 차례로 펼쳐진다. 백록담을 정점으로 하여 그 오른쪽으로 큰드레왓, 장구목, 웃세오름, 만세동산, 사제비동산, 민대가리동산, 족은드레왓, 쳇망오름, 삼형제오름, 노로오름, 천아오름, 산세미오름, 발이오름, 비양도, 고내봉, 도두봉, 노루생이오름, 거문오름, 남짓은오름, 민오름, 사라봉, 별도봉, 열안지오름, 삼의양오름, 골머리오름, 절물오름, 바농오름, 개오리오름, 물장올, 쌀손장올, 태역장올 등이 쉼 없이 이어진다.

또한 어승생악은 국립공원 구역 내에서 산체가 가장 큰 오름으로 주변에 깊은 계곡이 발달한 모습을 한눈에 볼 수 있다. 어승생악 정상에 올라 백록담 방면으로 보면 외도천의 상류인 Y 계곡이라 불리는 어리목골이 한눈에 보이고 동쪽으로는 아흔아홉골이라 불리는 골머리계곡이 보인다.

어승생이란 이름은 임금인 타는 말인 어승마(御乘馬)에서 유래되었다. 1792년(정조 16) 이곳에서 용마(龍馬)가 태어났다. 조명검 목사는 용마를 왕에게 바쳤고, 왕은 그에게 노정(蘆政)이라는 벼슬을 하사했다

어승생악 코스의 눈꽃 터널 어승생악 코스에서는 여름에는 울창한 숲을, 겨울에는 나무마다 하얗게 덮인 눈꽃을 감상할 수 있다.

어승생악 어승생악 정상에 오르면 그리 넓지 않은 산정호수에 파란 물을 담고 있는 모습을 볼 수 있다.

는 이야기가 전해진다.

풍수설에 따르면 어승생악은 궁마어천형·천마유주형(宮馬御天形·天馬遊駐形)이라 하여 하늘나라의 상제가 말을 타고 하늘을 달리는 형국이라고 전해진다. 그만큼 좋은 말이 이곳에서 많이 생산되었음을 보여주는 이야기들이다.

일제시대에는 일본군들이 미군의 공격을 대비하기 위해 어승생악 중턱에 미로처럼 수많은 진지 동굴을 팠던 전적지였다. 지금도 정상에 서면 북쪽 바다를 향해 입을 벌린 일본군의 토치카가 말없이 옛 역사를 보여주고 있다. 최근에는 한라산국립공원 관리사무소에서 생태 체험 코스를 목적으로 등산로 곳곳에 식생과 동물 등 자연 생태를 알 수 있는 안내판을 설치해 좋은 반응을 얻고 있다.

한라산국립공원 관리사무소에서 동쪽으로 난 등산로를 따라 정상까지는 30분 가량 소요된다. 시간 여유가 없는 경우 짧은 시간에 한라산의 묘미를 느끼고자 할 때 이용하며, 어린이들의 체험 코스로 각광을 받고 있다.

| 어승생악 코스 |

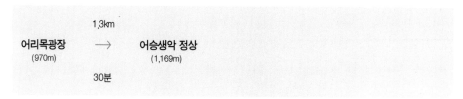

총거리: 1.3km, 편도 소요 시간: 30분 (어리목광장~어승생악 정상) | 안내: 064-742-3084

횡단도로

옛 길

김정호의 〈대동여지도〉를 보면 제주목과 각 성을 연결하는 도로가 나오는데 거기에는 해안 일주도로와 대정현―차귀성(한경면 고산), 제주목(제주시)―명월(한림읍 명월리), 제주목―정의현(표선면 성읍리), 제주목―별방소(구좌읍 하도리) 등 6개 노선이 표시돼 있다. 초창기 제주의 도로들이다. 하지만 제주를 다녀갔던 김정희나 김상헌, 김정 등의 기록에 따르면 "길이 모두 자갈길로 인마(人馬)조차 다니기 어려웠다"고 표기하고 있어 도로 상태가 매우 열악했음을 알 수 있다.

사람이 많이 다니던 도로 사정이 이럴진대 한라산 가는 길은 더 말할 나위가 없다. 하지만 분명 길은 있었다. 먼저 김상헌의 기록에 보면 풀 덮인 길이 계곡을 따라 나 있다고 하고, 최익현의 기록에서도 푸나무꾼과 사냥꾼이 왕래한 까닭에 조금 길이 나 있으나 갈수록 험준하고 좁고 위태로웠다고 말한다. 또한 주민들의 방목과 산림의 벌채를 위해 자연발생적으로 도로가 만들어졌을 것이란 추측도 하고 있다.

옛 길과 관련하여 흥미 있는 이야기 하나가 전해진다. 애월읍 하귀리의 파군봉에서 시작하여 고성리를 거쳐 살핀오름, 흙붉은오름으로 이어지는 도로가 하나 있는데, 이는 고려 말 김통정 장군이 이끄는 삼별초군이 여몽 연합군에 밀려 퇴각하면서 이용했던 도로라는 것이다.

파군봉에서 여몽 연합군에 패한 삼별초군이 한라산으로 퇴각, 흙붉은오름에서 최후의 결전을 벌이게 됐다. 당시에 삼별초군이 주위 전세를 살펴보았던 곳이 살핀오름이고, 흙붉은오름은 격전 끝에 전멸한 삼별초군의 몸에서 흘러나온 피로 주변이 붉게 물들었다고 해서 붙여진 이름이라고 전해진다.

이후 일제시대에 이르러 한라산 일대의 길은 일대 전환기를 맞는다. 일본군이 결7호작전이라 하여 제주도를 전초 기지화하면서 20만 대군을 한라산에 주둔시키는데, 이때 한라산 중턱을 빙 돌아가며 길을 만들게 된다. 한라산에 띠를 두르듯이 만들었다 하여 하치마키(鉢卷: 머리띠

옛 길 한라산에는 일제시대에 만든 하치마키도로와 목동과 산꾼들이 다니던 수많은 도로들이 남아 예전의 이야기를 전하고 있다.

란 의미)도로라 하였다. 서쪽으로는 어승생악을 시작으로 지금의 한밝교 다리에서 영실을 거쳐 법정악으로, 동쪽으로는 수악교 상류에서 논고악, 성판악에서 물장올, 관음사, 천왕사로 이어졌다. 지금도 수악교 상류에 가면 어렴풋이 도로의 흔적들이 남아 있는데 한라산에 군사도로가 있었음을 아는 사람은 드물다. 어쨌든 하치마키도로의 일부는 5·16도로와 1,100도로 개설 당시 이에 포함되었다.

5·16도로

제주시와 서귀포를 잇는 횡단도로인 5·16도로(국도 11호선)의 시초는 1932년 한라산

을 가로지르는 임업도로였다. 이 도로가 개설된 후 1943년에 지방도로로 지정되었다. 제주시와 서귀포를 연결하는 최단 거리의 도로로, 서귀포 사람들에게 있어서는 획기적인 개발이었다.

1956년 제주시 산천단에서 성판악에 이르는 구간을 시작으로 연차적인 확장 공사가 이루어지는데 5·16 이후 제주도에 부임한 김영관 도지사에 의해 본격적인 개발이 진행된다. 김영관 지사는 정부측에 끈질기게 요청해 정부 사업으로서 5·16도로의 개발 사업 승인을 받아내었고, 1962년 제주도청 앞에서 진행된 5·16도로 건립 기공 축하 공연이 전국에 실황 중계될 정도였다. 당시 군사 정부에서 얼마나 관심을 보였는지 짐작이 간다. 그로부터 7년 후인 1969년 10월 1일 공사가 70%밖에 진행되지 않았지만, 부랴부랴 개통식을 가졌다. 그 이유는 5일 후에 있을 대통령 선거를 의식한 선거용이

감귤원 사이의 도로 5·16도로를 따라 서귀포 쪽으로 가면 도로 주변의 감귤과수원이 이국적인 분위기를 느끼게 해준다.

었다.

5·16도로는 명칭에서도 알 수 있듯이 5·16 쿠데타를 기념하는 상징물이다. 이 도로에는 제주시 아라동 춘강장애인복지회관 입구에 박정희 대통령의 친필 휘호를 자연석에 새긴 표지석이 서 있고, 성판악 입구에는 김영관 지사를 칭송하는 공적비가 세워져 있다.

어쨌든 5·16도로의 개통으로 제주시와 서귀포는 5시간 거리에서 1시간 거리로 그 생활권이 단축된다. 1972년 4월부터 1982년 말까지 이 도로를 이용하는 차량에 대해 제주도에서는 처음으로 통행료를 징수하기도 했다. 당시 통행 요금은 대형 버스 400원, 중형 버스 250원, 소형 승용차 200원, 화물 자동차 150원, 소형 화물차 100원 등이었다(1982년 기준).

단풍숲 터널 5·16도로에서 최고의 비경을 꼽으라면 숲 터널인데 하늘을 뒤덮은 도로는 색다른 멋을 준다. 특히 가을철 단풍이 곱게 물들면 사람들은 직접 걸어보고 싶은 충동에 휩싸인다.

주요 볼거리로는 산천단의 곰솔(천연기념물 160호)을 비롯하여 물장올, 제주컨트리클럽, 개오리오름 제주조랑말방목장, 성판악휴게소, 물오름전망대, 숲 터널, 돈내코 등이 있다. 성판악 코스와 관음사 코스로 등반을 하려면 반드시 이용해야 하는 도로다.

1,100도로

한라산 서쪽 산허리를 횡단하는 1,100도로(국도 99호선)는 우리나라에서 가장 높은 곳을 통과하는 국도라 하여 그 명성이 드높다. 1970년대 이후 한라산을 오르는 수많은 등산객들이 거쳐간 도로로 영실 코스와 어리목 코스가 이 도로에서 시작된다.

고도가 높고 경사가 많아 작업에 온갖 어려움을 겪으며 착공 6년 만인 1973년 완공

눈꽃 도로 1,100도로는 겨울철 눈꽃 경관 도로로 그 이름을 자랑하고 있다. 설국으로 향하는 도로라 불리기도 한다.

하게 되는데 착공되기 전인 1969년에 대통령령으로 국도로 지정된다. 1974년에는 유료 도로로 지정돼 이곳을 운행하는 차량에 대해서 요금을 징수하기도 했다.

　1,100도로가 개설되자 한라산 등반객이 가장 많이 이용하는 도로로 크게 각광을 받았다. 백록담에 오르는 가장 짧은 코스인 영실 코스와 어리목 코스에 이르는 도로라는 요인이 크게 작용했다. 또한 1978년 박정희 대통령은 연초에 순시차 제주도를 찾았다가 1,100도로를 이용했는데 도로변 설경에 감탄해 다섯 차례나 차에서 내려 직접 사진을 촬영했다는 일화가 지금도 전해지고 있을 정도로 겨울철에는 신비경을 자아내는 도로이다.

　특히 1,100고지는 한라산 서쪽 자락을 조망하기에 최적의 장소로 꼽는다. 이곳은 탐라각휴게소와 고상돈 추모비 등이 있어 지금도 관광객들이 즐겨 찾고 있다. 주요 볼거리로는 도깨비 도로를 비롯하여 어승생 수원지, 물허벅여인상, 아흔아홉골과 천왕사, 석굴암, 어승생악 및 어리목광장, 영송, 1,100고지, 영실진입로, 서귀포자연휴양림 등이 있다.

| 성판악휴게소까지 가는 대중 교통수단 |

제주시 시외버스 터미널 출발, 서귀포행 시외버스, 첫차 08:00, 막차 21:30, 15분 간격
제주시 터미널과 제주 시청 후문에서 승차 가능하며 성판악휴게소까지 30분 가량 소요된다.

| 영실 입구까지 가는 대중 교통수단 |

제주시 시외버스 터미널 출발, 서귀포행 시외버스, 첫차 07:50, 막차 16:50, 1시간 20분 간격
제주시에서 어리목까지는 40분, 1,100도로까지는 50분, 영실 입구까지는 60분이 소요된다.

야영장

관음사야영장

한라산에서의 취사 야영은 금지된 것으로 알려져 있다. 하지만 등산 코스를 벗어나면 한라산 중턱에서 야영하며 산의 운치를 즐길 야영장들이 몇 군데 있다. 대부분의 야영장이 여름 성수기 주말에만 붐비기 때문에 이 시기를 피하면 요란하지 않게 한라산의 다른 맛을 느낄 수 있다.

관음사야영장은 한라산의 북쪽 등반로인 관음사 코스 입구에 있다. 한라산국립공원 구역 내에 위치한 유일한 야영장으로 국립공원 관리사무소에서 관리한다. 여름철에는 청소년 단체들이 즐겨 이용하고 있는데 이 시기만 피하면 쉽게 이용이 가능하다. 특히 4월 중순, 주변을 새하얗게 수놓은 왕벚나무의 그늘 아래에서 즐기는 야영을 권한다. 이곳은 왕벚나무 자생지로 수백 년 된 고목들이 즐비해 또 다른 볼거리를 준다.

또한 12월부터 2월 말까지는 관음사 코스를 통해 백록담까지 오르는 등산로가 열리므로 이곳에서 야영을 한 후 등반에 나서면 시내에서 출발하는 것보다 일찍 등반에 나설 수 있는 여유가 생기기도 한다. (문의: 064-756-3730)

왕벚나무를 볼 수 있는 관음사야영장　　　　　　　원시림 속의 서귀포자연휴양림

서귀포자연휴양림

한라산 횡단도로인 1,100도로를 따라가다가 영실 입구를 지나 서귀포 방면으로 2km
가량 가면 서귀포자연휴양림이 나타난다. 이곳은 600~700고지에 위치한 곳으로 한라
산 주변의 여러 야영장 중 깊은 산의 맛을 가장 잘 느낄 수 있는 곳이다. 50년 넘게 자
란 나무숲이 그대로 보존된 원시림 속에서 야영을 즐길 수 있다는 것이 큰 장점이다.
야영이 번거롭다면 통나무집을 이용하는 것도 좋다. 깊은 산속의 산장에서 보내는 하
룻밤과 같은 분위기가 있기 때문이다. 여름철 성수기에는 미리 예약을 해야만 통나무
집의 이용이 가능할 정도로 인기를 끄는 곳이다. 주변에 제주도 최대의 하천 중 하나인
도순천이 맞닿아 있어 여름철에는 물놀이도 가능하다. 이밖에 캠프파이어, 전망대, 삼
림 욕장, 산책로 등의 시설이 있다. (문의: 064-762-4544)

제주절물자연휴양림

제주시와 남제주군 표선면을 연결하는 동부 산업도로를 타고 가다보면 봉개동에서 한
라산 방면으로 향하는 도로가 있다. 명도암으로 향하는 도로인데 이 도로는 다시 5·16
도로에서 제주도 동부의 중산간 마을인 조천읍 교래리로 향하는 도로와 맞닿게 된다.
그 중간에 위치한 곳이 제주절물자연휴양림이다.

주변에 명도암관광목장과 제주시청소년수련원, 4·3평화공원 예정지, 한화리조트 공사 현장 등이 있다. 절물자연휴양림은 '절물'이라는 샘이 있어 불리게 된 명칭이다. '절물'이란 절의 물이라 하여 사찰에서 이용했던 샘을 말한다. 휴양림은 이 샘을 끼고 있는 절물오름 앞 광장이라 할 수 있다. 약수가 유명한데 지금도 아침저녁으로 이 약수 물을 뜨러 오는 시민들의 발길이 이어지는 곳이다.

휴양림 입구에는 삼나무 숲이 이어져 삼림 욕장으로 유명하다. 그리고 삼나무 숲을 벗어나면 제주도의 대표적인 낙엽활엽수인 벚나무, 느티나무, 참나무 등이 절물오름 정상까지 이어진다. 특히 봄철이면 복수초, 노루귀, 변산바람꽃, 제비꽃 등 봄을 알리는 온갖 풀꽃들이 정원을 이루는 곳이다. 삼림욕을 즐기며 심신을 맑게 한 후 마시는 샘의 물맛은 이곳에서만 느낄 수 있는 묘미이다. 휴양림에서 1박한 후 30여 분을 올라 절물 오름 위에 서면 제주도 동부 지역 오름들이 줄지어 서 있는 장관을 만끽할 수 있다. 일 출 무렵에는 멀리 성산일출봉 위로 떠오르는 태양까지 볼 수 있기 때문에 사진가들이 즐겨 찾는 곳이다. (문의: 064-721-7421)

돈내코야영장

한라산 횡단도로인 5·16도로를 따라가다보면 서귀포 직전에 제주도의 하천으로는 드

삼림 욕장으로 유명한 제주절물자연휴양림

1년 내내 물이 흐르는 돈내코계곡

물게 1년 내내 물이 흐르는 돈내코계곡을 만나게 된다. 돈내코야영장은 이 계곡의 중류에 위치한 야영장이다. 주변에 돈내코청소년수련원이 있어 학생들의 수련원으로 즐겨 이용된다.

예전에는 이곳에서 출발하는 돈내코 코스와 남성대 코스가 있어 한라산 남쪽 등산의 출발지로도 인기를 끌었다. 그러나 지금은 등산로가 폐쇄됨에 따라 여름철 물놀이하는 피서객들만이 찾는다. 돈내코는 여름철 계곡에서의 물놀이 장소로는 제주도에서 유일하다고 할 수 있는데, 특히 바위 위에서 떨어지는 물줄기를 맞는 물맞이는 예부터 신경통에 효험이 있다고 하여 지금도 여름철이면 사람의 발길이 끊이지 않는 곳이다. 주변에는 천연기념물로 지정된 한란 자생지가 있고 깊은 원시림이 계곡을 끼고 한라산 정상까지 이어져 있다. 최근에는 돈내코와 한라산 서쪽 횡단도로인 1,100도로를 잇는 산록도로가 개통돼 이곳에서 야영한 후 영실 코스로 등반하는 것도 가능해졌다. (문의: 064-732-1531)

비자림야영장

한라산 정상에서 볼 때는 가장 멀리 떨어진 야영장이지만, 세계 제일의 비자림 군락지가 있어 또 다른 느낌을 주는 곳이 비자림야영장이다. 비자림은 수령 500~800년생 노거수들이 2,878주나 되는 대군락을 형성하며 원시림에 가까운 숲을 이루고 있다. 순림의 극성상을 이루며 집단적으로 자라고 있고, 학술적으로 중요한 연구 대상지이다. 여름철에는 야영장 주변으로 반딧불이 날아들어 자연의 신비함을 한껏 더해주고, 수련원 시설이 있어 숙박도 가능하다. 야영이 번거롭다면 가족이나 단체로 숙박 시설을 이용하는 것도 색다른 경험이 된다. 주변에는 다랑쉬오름을 비롯해 용눈이오름, 높은오름, 아부오름 등 제주도에서 가장 많은 오름들이 운집하고 있어 볼거리도 다양하다. 비자림야영장에서 1박한 후 새벽에 주변 오름에 올라 일출을 보는 것도 색다른 경험이 된다. (문의: 064-783-3857)

부록

한라산의 축제들

눈꽃축제 　 　 관광 비수기인 겨울철, 한라산의 눈꽃을 가지고 관광 상품화하기 위해 1997년부터 시작된 축제로 제주도에서 주최한다. 어리목광장을 중심으로 1,100고지와 웃세오름 일원에서 열리는데, 눈길 트레킹을 비롯하여 눈썰매 타기, 얼음 조각 만들기 등 다양한 행사가 한 주간에 걸쳐 진행된다.

눈꽃축제는 눈을 볼 수 없는 지역인 동남아의 관광객들과 중국인들에게 특히 인기를 끌고 있는데 매년 1월 셋째 주를 전후하여 열린다. 2001년 이후 열리지 않기 때문에 사전에 제주도청 관광과나 한라산국립공원 관리사무소(064-742-3084, 064-742-2548)로 문의해야 한다.

만설제 　 　 매년 1월 넷째 일요일 아침, 눈 덮인 어리목광장에는 우모복(보온재를 사용한 등산용 파카)에 플라스틱 이중화까지 갖춘 완전 무장한 산악인들이 하나둘 모여든다. 한라산 만설제가 열리는 날이기 때문이다.

만설제는 1974년 어승생악에서 처음 열렸다. 당초에는 산악인들의 적설기 훈련의 일환으로 산 정상에서 열려고 했으나 일반 등산객들도 참여할 수 있게 하자는 취지로 어승생악을 택하게 되었다.

1990년대 후반에는 눈이 내리지 않아 이 무렵 열리는 한라산 눈꽃축제의 행사 관계자들을 애태우곤 했지만, 넷째 일요일을 앞두고는 내리던 비가 눈으로 바뀐다거나 아니면 갑자기 흐려져 눈발이 날리는 등 기적 같은 일이 계속 발생해 만설제 행사가 열리면 무조건 눈이 내린다고 표현할 정도가 됐다.

조국의 평화 통일과 산악인들의 무사 산행을 기원하는데 도내 산악인은 물론 육지부에서도 많은 산악인들이 찾아올 정도로 인기를 끌고 있다. 제주산악회 주최로 열린다. (문의: 제주산악회 064-722-3687)

철쭉제　　　한라산에는 봄이면 잎보다 먼저 피어난 진달래꽃이 온 산을 붉게 물들인다. 진달래꽃이 질 무렵부터는 철쭉의 붉은빛으로 치장한다. 진달래는 4월에 피고 철쭉은 5월 말까지 이어지니 매년 4월 말부터 6월 초까지는 온통 붉은색의 장관을 연출하는 곳이 한라산이다. 1,400고지에서부터 정상까지의 초원 지대가 꽃밭으로 탈바꿈하는데 이때 한라산 철쭉제가 1,700고지에서 열린다. 처음의 철쭉제는 1966년 제주산악회에 의해 산악인들의 안전 산행을 기원하며 시작되었고, 그후 30여 년 동안 이어져오고 있다.

처음에는 산악인들만의 행사로 차분하게 진행됐으나 점차 알려지면서 1972~1975년에는 철쭉제가 열리는 백록담에 6만여 인파가 몰려들었을 정도였다. 이렇듯 많은 인파가 몰리자 한라산 훼손 문제가 대두됐고 이후 산악인들은 등반객들이 산에 오르기 전인 새벽 시간에 산악인들만 모여 조용하게 제를 지냈다.

이후 등반객들의 자연보호 의지가 많이 좋아지는 등 의식의 변화에 따라 1996년부터 다시 공개된 장소에서 철쭉제를 지내게 됐다. 매년 5월 넷째 일요일 11시에 웃세오름에서 제를 지낸다. 행사의 주최는 대한산악연맹 제주도연맹이다. (문의: 대한산악연맹 제주도연맹 064-759-0848)

등반시 주의 사항

이제 등산은 특정한 전문가들만의 전유물이 아니다. 한라산을 예로 들더라도 1년에 50만 명이 넘는 사람들이 즐겨 찾는 곳이고, 등산 또한 국민적 스포츠로 대중화된 상황이다. 한라산은 완만한 지형을 보이지만 그 어느 곳보다도 기상의 변화가 심하고 각종 조난 사고 또한 끊기지 않는 곳으로 유명하다. 모든 산이 마찬가지지만 산을 대할 때는 높은 산이거나 낮은 산이거나 언제나 겸손해야 한다. 만약 겸손이 오만으로 바뀔 때 조난은 어김없이, 그리고 예고 없이 찾아온다는 사실을 명심해야 한다.

한라산을 오르다보면 너무나 쉽게 생각해 구두나 샌들을 신고 오른다거나 심지어는 치마를 입고 오르는 경우도 목격되는데 심하게 표현하면 이는 자살 행위와 다를 바 없다. 산을 오르기 위해서는 그에 걸맞은 준비가 뒤따라야 한다. 무엇보다도 산행의 특성에 맞는 등산 장비를 갖추어야 하고 만약을 대비해 비상 식량과 비옷 등 비상 의류도 준비해야 한다.

등산을 하기 위해서는 등산화와 배낭 등 장비를 이야기하게 된다. 등산화는 자신의 산행 스타일이나 산행 용도에 알맞는 제품을 선택해야 한다. 겨울을 제외한 계절에는 보행 위주의 등반이 이루어지므로, 이때는 가볍고 목이 긴 등산화가 좋다. 이때 등산화의 크기는 양말 두 켤레를 신은 후 등산화를 신었을 때 손가락 하나 정도의 여분이 있어야 한다.

특히 겨울철에는 더욱 철저하게 준비를 해야 한다. 먼저 등산화도 방수용 등산화라야 한다. 예전에는 가죽 제품이 주류를 이뤘으나 최근에는 다양한 고어텍스 제품들이 선보이고 있다. 약간 가격이 비싼 게 흠이다. 만약 등산화를 가죽 제품으로 구입했다면 산행 하루 전 방수 약품을 표면에 잘 문질러 최고의 방수 효과를 낼 수 있도록 철저한 준비가 필요하다. 겨울철 산행에서 신발이 젖으면 쉽게 짜증이 나고 동상에 걸릴 수도 있다는 사실을 명심해야 한다.

또한 눈길에 미끄러지지 않기 위해 아이젠과 스톡이 있어야 하고 눈이 신발 속으로 들어가는 것을 방지하기 위해서는 발목에 스패츠를 착용해야 한다. 그리고 모직이나 폴라폴리스 같은 화학 섬유로 된 가볍고 보온성이 우수한 신소재 의류를 준비해야 하고 장갑이나 귀덮개가 있는 모자도 필수품이다. 이와 함께 만약을 대비해 비상 식량도 챙겨야 한다. 여름에는 물과 오이를 많이 준비하는데, 오이는 갈증 해소에 탁월한 효과가 있다. 계절에 관계 없이 즐길 수 있는 비상 식량으로는 고칼로리·고단백 식품인 육포와 양갱, 초콜릿, 사탕 등이다.

산에서 걷는 것은 평지에서의 운동보다 엄청난 에너지를 요구한다. 보통 10kg의 배낭을 메고 산길을 오를 경우 산소 소모량은 쉴 때보다 9배 가량 늘어나는 것으로 발표되고 있다. 등산할 때는 먼저 자기 신체에 알맞은 보폭으로 리듬 있게 걸어야 오래 걸어도 지치지 않는다. 또 오르막길에는 평지처럼 성큼성큼 걷지 말고 평지보다 작은 보폭으로 걸어야 하고, 걸을 때는 체중 이동을 확실히 해야 힘이 덜 든다는 사실을 명심해야 한다. 서둘지 말아야 하는 것도 올바른 보행법이라 할 수 있다.

하지만 등산시 무엇보다도 중요한 것은 겸손한 마음가짐이다. 등산이란 남을 의식하고 경쟁을 벌이는 스포츠가 아니기 때문이다. 조심보다 더 중요한 것은 없다.

한라산의 주요 식물

국가 지정 천연기념물

종별	지정번호	명칭	수량 / 면적	소재지	보호범위	지정년월일
천연기념물	18	삼도 파초일엽 자생지	142,612m²	서귀포시 섶섬	섬 일원	1962. 12. 3
	19	문주란 자생지	103,950m²	구좌읍 하도리	토끼섬 일원	〃
	156	신예리 왕벚나무 자생지	3주	남원읍 신예리	9,917m²	1964. 1. 31
	159	봉개동 왕벚나무 자생지	3주	제주시 봉개동		〃
	160	제주시 곰솔(흑송)	8주	제주시 아라동 산천단	7,253m²	〃
	161	성읍리 느티나무 및 팽나무	느티나무 1주 팽나무 3주	표선면 성읍리 4필지	〃	〃
	162	도순동 녹나무 자생지 군락	2,218m²	서귀포시 도순동 하천변	2,218m²	〃
	163	서귀포 담팔수나무 자생지	5주	서귀포시 서홍동 천지연	4,959m²	〃
	182	한라산 천연보호구역	90,931,226m²	한라산 일원	131필지	1966. 10. 12 (1993. 8. 19 변경)
	191	제주도의 한란		도 일원	도 일원	1967. 7. 11
	374	구좌읍 비자림 지대	2,570본	구좌읍 평대리	1필지	1986. 2. 8
	375	납읍리 난대림 지대	33,980m²	애월읍 납읍리	금산공원경내	〃
	376	산방산 암벽식물 지대	247,935m²	안덕면 사계리	산방산 남벽	〃
	377	안덕계곡 상록수림 지대	22,215m²	안덕면 감산리 하천	안덕계곡	〃
	378	천제연 난대림 지대	31,127m²	서귀포 중문, 색달동 하천	천제연 일원	〃

	379	천지연 난대림 지대	13,884m²	서귀포 서귀, 서홍동 하천	천지연 일원	1966, 10, 12 (1993, 8, 19 변경)
	429	월령리 선인장 군락	7,149m²	한림읍 월령리 해안	해안선 200m	2001, 9, 11
	432	제주도 한란 자생지		서귀포시 상효동	돈내코 일원	2002, 2,

제주도 지정 기념물

종별	지정번호	명칭	수량 / 면적	소재지	보호범위	지정년월일
제주도 기념물	6	금덕무환자나무 및 팽나무 군락	무환자 1본 팽나무 19본	유슈암리 절동산	애월읍	1973, 4, 3
	8	수산곰솔	1본 수산저수지	애월읍 나무 주변	20m	1981, 8, 26
	10	동백동산	군락지 내	조천읍 선흘리	동백동산 일원	〃
	14	천제연 담팔수나무	1주	색달동 하천변	천제연 지구 내	1971, 8, 26
	15	서귀포시 먼나무	1주	구 시청 경내	반경 5m	〃
	18	선흘리 백서향 및 변산일엽 군락		1곽	조천읍 선흘리 군락지 내	1973, 4, 3
	19	명월팽나무 군락	64주	한림읍 명월리 하천변	명월대 주변 60m	〃
	20	도련귤나무	6주	제주시 도련동	나무 중심 3m	〃
	21	영평조록나무	1주	제주시 영평동	나무 중심 3m	〃
	26	광령귤나무	1주	애월읍 광령리	나무 중심 3m	〃
	27	동백나무 군락	20주	남원읍 신흥리	나무 중심 3m	〃
	32	청귤나무	1주	제주시 이도2동	나무 중심 10m	1976, 9, 9 (1996, 7, 18 변경)
	33	무환자나무	1주	제주시 아라동	금산공원 내	1976, 9, 9
	34	녹나무	2주	제주시 삼도동	제주대병원 내	〃
	35	선인장 자생지	일원	한림읍 월령리 해안	해안선 200m	〃

39	위미동백동산	564주	남원읍 위미리	수목 중심 5m	1982. 5. 8
45	문섬 상록활엽수림	96,833m²	서귀포 문섬	섬 일원	1995. 8. 26
46	범섬 상록활엽수림	93,579m²	서귀포 범섬	섬 일원	〃
47	식산봉 황근 자생지 및 상록활엽수림	43,728m²	성산읍 오조리	식산봉 일원	〃
48	비양도 비양나무 자생지	45,918m²	비양도	섬 일원	〃

참고문헌

『사람과 산』, 「제주도 대연구」, 1999년 4월호

『월간 산』, 「한라산국립공원」, 1999년 9월호

강수헌, 『제주의 오름』, 대왕사, 1996

강순석 등 저, 『천미천』, 한라일보사, 2000

고길홍·현길언, 『한라산』, 대원사, 1993

고정군, 『한라산 고산식물의 생태생리학적 연구』, 2000

국립제주박물관, 『제주의 역사와 문화』, 2001

국토연구원, 『한라산 기초조사 및 보호관리계획수립』, 2000

권혁재, 『지형학』, 법문사, 2001

김종철, 『오름나그네』 1~3, 높은오름, 1995

김태정, 『쉽게 찾는 우리꽃』 봄·여름·가을, 현암사, 1994

문순화·송기엽·이경서·신용만, 『한라산의 꽃』, 산악문화, 1996

서재철, 『바람의 고향 오름』, 높은오름, 1998

서재철, 『한라산 야생화』, 높은오름, 1995

서재철, 『한라산의 노루』, 타임스페이스, 1994

이남숙·여성희, 『피어라 풀꽃』, 다른세상, 2000

이영노, 『한국식물도감』, 교학사, 1996

이원진, 『탐라지』, 제주대학교 탐라문화연구소, 1991

이유미, 『우리나무 백가지』, 현암사, 1995

임경빈, 『솟아라 나무야』, 다른세상, 2001

전영우, 『나무와 숲이 있었네』, 학고재, 1999

제민일보 4·3취재반, 『4·3은 말한다』 1~3, 전예원, 1994

제주 4·3 50주년 학술문화사업추진위원회 편, 『잃어버린 마을을 찾아서』, 학민사, 1998

제주대학교 탐라문화연구소, 『제주설화집성』, 1985

제주도, 『제주도지』, 1993

제주도, 『제주식물도감』, 1985

제주도,『제주의 오름』, 1997

제주도,『한국의 영산 한라산』, 1994

제주도·제주대학교박물관,『존자암지 발굴조사보고서』, 1993

제주도·제주발전연구원,『제주도에 자생하는 멸종위기 보호야생식물』, 1999

제주도·제주발전연구원,『제주오름의 보전 관리방안』, 2000

제주도·제주발전연구원·제주환경운동연합,『제주의 습지』, 2001

제주도 제주동양문화연구소,『제주도 마애명』, 1999

제주도교육위원회,『탐라문헌집』, 1975

제주도교육청,『한라산의 들꽃』, 1992

제주도민속자연사박물관,『제주의 옛 지도』, 1996

제주문화방송,『탐라록』, 1994

제주문화원,『옛사람들의 등한라산기』, 2000

제주산악회,『한라산』10, 12호

제주자생식물동우회,『시로미』1~8집

제주적십자산악안전대,『활동보고서』(1961~1997), 1997

제주적십자산악안전대 홈페이지(http://hallasan1950.hihome.com)

제주전통문화연구소,『고 석주명 선생 재조명 학술세미나 자료집』, 2000

한라산국립공원관리사무소,『한라산』, 2000

한라산국립공원관리사무소,『한라산 기초조사 및 보호관리계획수립보고서 및 자료집』, 2000

한라산국립공원관리사무소,『한라산 정상보호계획』, 1997

한라산국립공원관리사무소,『한라산등산로 및 남벽정상부 훼손지 복구설계』, 1993

한라산국립공원관리사무소,『한라산등산로훼손지 복구설계』, 1991

한라산연구소,『조사연구보고서』, 2002

한라산연구소,『한라산 백록담 담수화 및 분화구내 복구방안』, 2001

한라일보,『한라산생태학술대탐사』, 1999. 1~2001. 4

현용준,『제주도 전설』, 서문문고, 1997

현용준,『제주도 신화』, 서문문고, 1977

찾아보기

제주도 지도

달여도
함덕
김녕
당처물동굴
동회선일주도로
비양도
토끼섬
우도

서김녕
동복
동김녕
월정
행원
세화
별방성지
굴동포구
문주란자생지
검멀래
소머리오름

12
서우봉
북촌
김녕사굴
협죽도길
평대
하도
철새도래지
서빈백사
동천진황

당봉
함덕
구좌
(세화)
상도
창흥동
지미봉
종달
조개잡이
체험어장

신촌
조천
만장굴
상덕천
둔지봉
두산봉
성산
일출봉

와흘
선흘
북오름
비자림야영장
다랑쉬
아끈다랑쉬
은월봉

봉개
대흘
와산
당오름
송당
돌오름
용눈이오름
상도리목장
오조

중산간도로
16
체오름
샘이오름
늪은오름
대왕산
겨울철새도래지

안세미오름
명도암
샘이오름
거문오름
아부오름
건영목장
손자봉
수산
고성
신양

절물오름
97
바농오름
부대악
대천동
송당목장
동거문오름
좌보미
대수산봉
섭지코지

자연휴양림
복수초군락지
부소오름
민오름
비치미오름
백악이오름
1119

1112
교래
산굼부리
명송리조른
개오름
성읍목장
유건에오름
혼인지
난산
온평

복수초군락지
구두리오름
성불오름
소록산
영주산
모구리오름
12

거문오름
(물찻오름)
제동목장
대록산
모지오름
성읍민속마을
신산

붉은오름
영아리
남제주군
따라비오름
성읍
남산봉
돗자봉
삼달

성판악휴게소
동수악
물영아리
병곳오름
갑선이오름
신풍
신천

논고악
거린오름
민오름
1118
가사
달산봉

서성로(공사중)
1119
고이악
수망
신흥
16
가세오름
세화1
하천
표선

한남
의귀
토산1
매오름
표선
제주민속촌

자배봉
백리악
토산악

신례
남원
보말
토산2
세화2

상효
하례
위미
큰엉
신영영화박물관
태흥

하효
예촌망

제지기오름

섶섬
지귀도

한라산국립공원 지도는 이 책 맨 앞쪽 면지에 있습니다.

4 국도	◎ 리·동·마을
929 지방도로	▲ 산·오름
시·군도로와 마을길	卍 사찰
도·시·군 경계	⚓ 해수욕장
◉ 시·군청 소재지	국립공원
◉ 읍소재지	뱃길
○ 면소재지	■ 이정표